SCORPIO

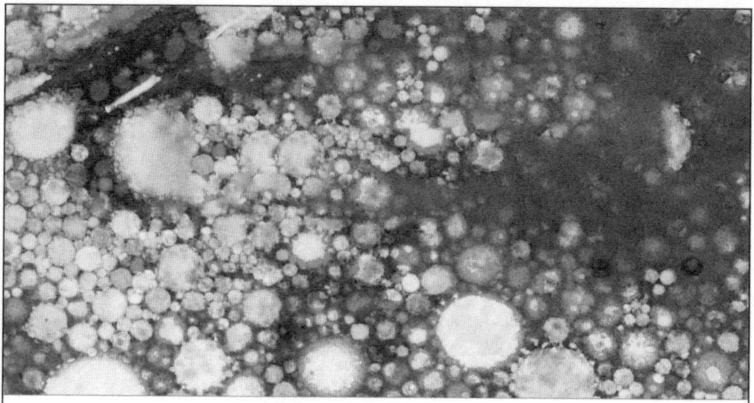

Kerstin Chavent

IN GUTER GESELLSCHAFT

Wie Mikroben unser Überleben sichern

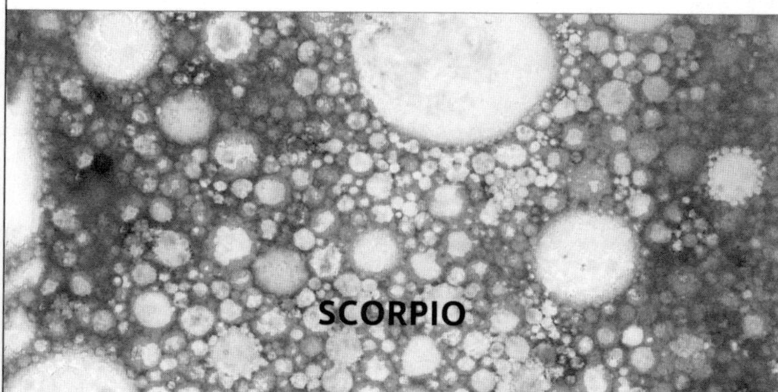

SCORPIO

FSC
www.fsc.org
MIX
Papier aus verantwortungsvollen Quellen
FSC® C014889

Umschlaggestaltung: Guter Punkt, München,
unter Verwendung eines Motivs von © Susanne Bainton / Getty Images
Satz und Layout: Danai Afrati
Druck und Bindung: Pustet, Regensburg
ISBN 978-3-95803-172-2

www.scorpio-verlag.de

Für das kleine und das große Leben

Nicht indem wir uns auf das Detail stürzen
und es auseinandernehmen,
finden wir Antworten auf unsere Fragen und Lösungen
für unsere Probleme.
Der erwachende Mensch verbeugt sich
vor dem Wunder des zusammenhängenden Ganzen.

INHALT

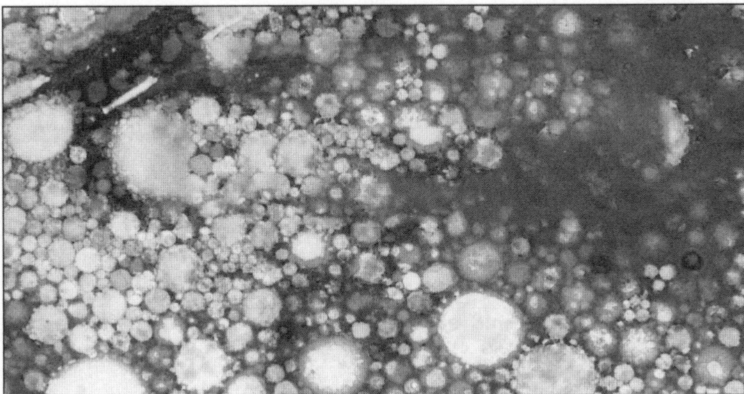

FREUND ODER FEIND?

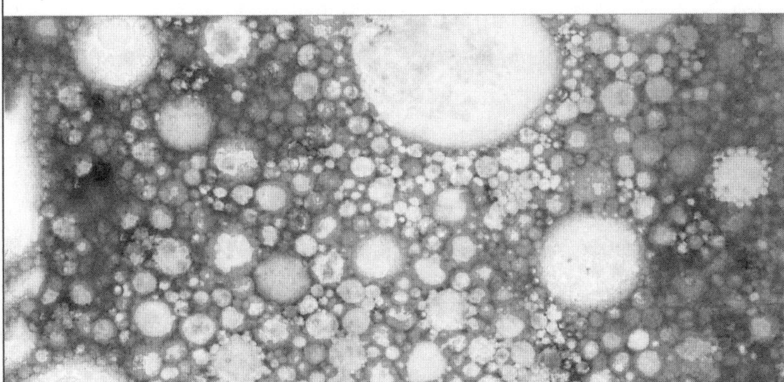

Mikroorganismen sind ein hochaktuelles und viel bearbeitetes Feld. Kaum eine Woche vergeht, in der nicht etwas Neues über das *kleine Leben* an die Öffentlichkeit gelangt. Über viele Kanäle werden heute Bakterien, Viren und Co. einem immer breiteren Publikum zugänglich gemacht. Die Gefahr globaler Epidemien konfrontiert uns mit einem hochsensiblen Thema. Covid-19 hat uns gezeigt, dass der Umgang mit dem kleinen Leben die gesamte Erde in den Ausnahmezustand versetzen kann. Wie funktionieren die kleinsten und ältesten Bewohner unseres Planeten? Welche Macht haben sie über uns? Wie schaffen wir es, mit ihnen auszukommen und möglichst friedlich mit ihnen zusammenzuleben? Können Mikroorganismen uns helfen, den gigantischen Herausforderungen einer Zeit zu begegnen, in der unser Überleben auf der Erde ungewiss ist?

Es sind die grundsätzlichen Fragen des Lebens, die mich zu diesem Thema inspiriert haben. Als Nicht-Biologin interessieren mich die Zusammenhänge zwischen allen Lebensbereichen: Gesundheit, Ernährung, Zusammenleben. So ist hier nicht ein weiteres Werk zu dem ungeheuer komplexen und wundersamen Verhalten der Mikroben entstanden, sondern ein Überblick über das Wirken des kleinen Lebens, ein kritischer Blick darauf, wie wir damit umgehen, und die Konsequenzen und Möglichkeiten, die sich für uns daraus ergeben. Anhand dessen, was wir heute über Mikroben wissen, wird durchleuchtet, wie wir uns grundsätzlich zu dem Lebendigen stellen. Schützen wir es oder stellen wir uns ihm entgegen? Wirken wir daran mit, die Dinge immer weiter zu spalten oder sie wieder zusammenzubringen? Begegnen wir einander als Feind oder als Freund?

In einer Epoche, von der wir glaubten, alle Krankheiten besiegt und die Geheimnisse des Lebens entschlüsselt zu haben, wird zunehmend deutlich, dass wir uns geirrt haben. Zwar halten viele von uns weiter an dem Traum von der steigenden Lebenserwartung fest, doch bei vielen melden sich Zweifel, ob wir auf dem richtigen Weg sind. Überall auf der Welt protestieren Menschen gegen zunehmend katastrophale Lebensbedingungen für Pflanze, Tier und Mensch. Sie engagieren sich für den Schutz des Lebendigen und führen der Gesellschaft vor Augen, dass grundsätzlich etwas nicht stimmt.

Wir wollten uns über das Leben erheben, es uns gänzlich untertan machen und werden nun zunehmend mit der Tatsache konfrontiert, dass uns das nicht gelingt. Wir sind heute verletzlicher und krankheitsanfälliger denn je. Jeder Zweite muss damit rechnen, in seinem Leben eine Krebsdiagnose zu bekommen. Herz- und Gefäßkrankheiten, Diabetes, Autismus, Alzheimer, Karies, Gicht, Morbus Crohn, Multiple Sklerose, Neurodermitis, Allergien, Übergewicht, Essstörungen, Depressionen, Burn-out, Angstzustände und Infektionen gehören zu den großen Krankheiten unserer Zivilisation. Gesunde Menschen werden in unserer Gesellschaft zu einer Rarität. Epidemien machen vor keiner Landesgrenze halt und können den gesamten Planeten in Aufruhr bringen.

Vor diesem Hintergrund wage ich mich an ein Thema, das nicht nur hochkomplex ist, sondern auch hochexplosiv. Das ist auch nach meinen Büchern *Das Licht fließt dahin, wo es dunkel ist* und *Die Waffen niederlegen* eine ganz besondere Herausforderung für mich. Den Mut dafür trainiere ich mir als ehrenamtliche Autorin für das Internetmagazin *Rubikon* und Mitverantwortliche für dessen Redaktion *Aufwind* an. Denn hier geht es darum, auch hinter die Kulissen zu blicken und sich auf neue Wege zu wagen, auf denen wir zunächst alleine sind.

Um den Schleier vor unseren Augen beiseitezuschieben – so die ursprüngliche Bedeutung des Wortes *Apokalypse* –, muss ganz genau hingesehen werden. Hierbei können uns die Mikroorganismen helfen. Sie eröffnen uns ebenso erstaunliche wie Hoffnung spendende Perspektiven. Immer wieder zeigen sie uns, dass der Schein oft trügt. Das, was wir bisher als schmutzig, eklig oder überflüssig angesehen haben, erweist sich als absolut lebensnotwendig. Die winzigen Lebewesen, denen wir zu Unrecht immer wieder die Schuld für unsere Krankheiten zuschieben, sind im Grunde unsere besten Freunde. Vor allem gute Freunde können uns ärgern und uns zu schaffen machen. Es geht ihnen dabei nicht darum, uns zu schaden, sondern uns dabei zu helfen, uns zu unserem eigenen Besten weiterzuentwickeln.

Es erfordert Mut, diese Sicht auf die Dinge zuzulassen und das gängige Weltbild damit quasi auf den Kopf zu stellen. So geht es im Folgenden um weit mehr als um eine Darstellung des Nutzens der Mikroorganismen. Es geht darum aufzuzeigen, dass unser bisheriger Umgang mit dem kleinen Leben uns in eine Sackgasse geführt hat. Es wird an den Säulen unserer Vorstellungen zu Gesundheit und Krankheit gerüttelt und schließlich ein ganzes System infrage gestellt. Die Mikroben, diese seit Jahrmillionen trainierten Anpassungs- und Lebenskünstler, weisen uns dabei den Weg. Sie zeigen uns, dass das Leben nicht in seine Einzelteile zerlegbar ist und nur im Zusammenhängenden zu erfassen. Und schließlich konfrontieren sie uns mit der alles entscheidenden Frage: einzeln untergehen oder zusammen leben?

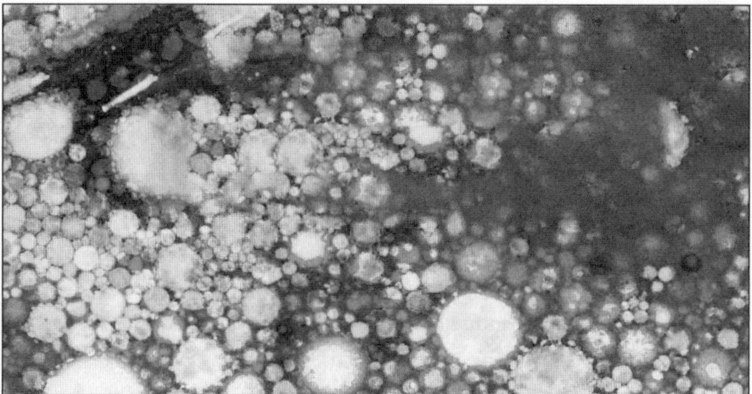

KREATIVES MITEINANDER

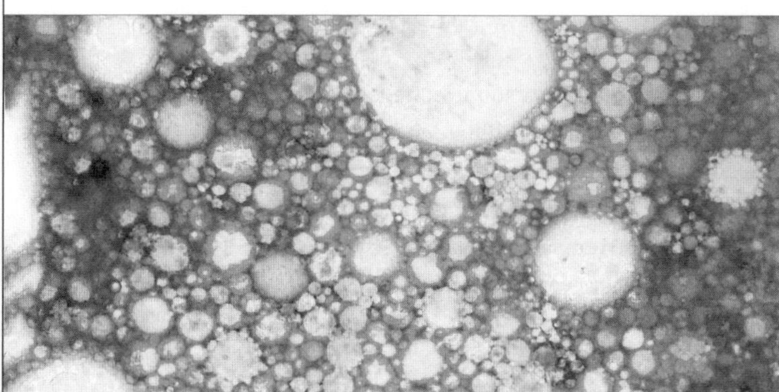

Unser Planet ist wie ein menschlicher Körper,
in dem jeder Mensch einer Zelle ähnelt.

DER DALAÏ LAMA

Mikroben sind die aktuellen Stars der Forschungslabore. Sie beeindrucken durch ihre Winzigkeit, ihre Anzahl, ihre Diversität, ihre ungeheure Anpassungsfähigkeit und ihre Möglichkeiten, auf alles, womit sie in Berührung kommen, Einfluss zu nehmen. Spätestens seit dem Erfolg von Giulia Enders' Bestseller *Darm mit Charme* wissen wir, dass sie uns im Prinzip nichts Böses wollen. Zum Wohl aller Beteiligten bilden sie in uns, auf uns und um uns herum Partnerschaften, in denen jeweils alle, Wirt und Gast, auf ihre Kosten kommen. In bunter Vielfalt arbeiten die Mikroorganismen im Interesse des Gesamten zusammen: Sie bilden fruchtbare Lebensgemeinschaften, können sich miteinander verständigen und sich gegenseitig helfen und unterstützen. Jeder hat seinen Platz im Gefüge, und jeder hat seine Rolle zu spielen im Dienst am Leben.

Lebendige Vielfalt

7,5 Milliarden: Etwa so viele Menschen leben heute auf unserem Planeten. Um die 10 Milliarden, so wird geschätzt, werden wir im Jahr 2050 sein. Werden wir alle Lebensraum finden und Nahrung? Werden wir überhaupt noch angemessene Lebensbedingungen vorfinden? Wenn wir so weitermachen, werden in absehbarer Zeit sämtliche Ressourcen erschöpft sein, das Wasser verschmutzt, die Böden ausgelaugt und die Luft kaum noch einzuatmen. Überschwemmungen, Trockenheit, Tornados, Erdbeben, Verwüstungen, Hungersnöte und Kriege vertreiben schon heute so viele Menschen, dass der wohlhabendste Teil der reichen Nationen längst begonnen hat, sich einzumauern und Pläne für die Umsiedlung auf andere Planeten voranzutreiben. [1]

30 Billionen: Etwa so viele Zellen machen unseren Körper aus. Unablässig erneuern sie sich und halten uns in einem ständigen Prozess des Vergehens und Werdens am Leben. Eine Billarde: Etwa so viele Mikroorganismen helfen ihnen dabei. Unsere Körper werden von Myriaden von Kleinstlebewesen besiedelt: zwischen 10 und 100 Mal mehr als wir menschliche Zellen haben. [2] Bereits im Jahr 1683 schrieb der niederländische Naturforscher und Tuchhändler Antoni van Leeuwenhoek: »Es gibt mehr Tiere auf unseren Zähnen als Lebewesen im ganzen Reich.« Mikroorganismen sind überall: im Wasser, in der Luft, in den Wolken, im Boden, im Gestein, im Wüstensand, im Polareis, in Wein und Käse, auf unserer Haut und überall in unserem Körper.[3] Selbst in unserer Lunge, in unserem Magen und in unserem Gehirn, die man lange Zeit für

---

1 *Der Planet schlägt zurück* von David Wallace-Wells in der Zeitschrift *Der Freitag:* https://www.freitag.de/autoren/der-freitag/der-planet-schlaegt-zurueck

2 Die Schätzungen gehen teilweise stark auseinander: Eine Studie von Sender, Ron; Fuchs, Shai; Milo, Ron (2016): *Revised Estimates for the Number of Human and Bacteria Cells in the Body.* PLoS biology. 14. kalkuliert, dass auf 30 Billionen Zellen etwa 38 Billionen Mikroorganismen kommen. Das Team von Peter Holzer, Professor für Experimentelle Neurogastroenterologie, schätzt, dass allein unser Darmmikrobiom zehn Mal mehr Zellen als der menschliche Organismus umfasst.

3 Ein internationales Forscherteam hat festgestellt, dass es selbst in der chilenischen Atacama-Wüste, dem trockensten Ort der Erde, Mikroben gibt. Damit wird die Vermutung nahegelegt, dass es auch auf dem Planeten Mars Leben geben könnte. Schulze-Makuch, Dirk, et al.: *Transitory microbial habitat in the hyperarid Atacama Desert.*_http://www.pnas.org/content/115/11/2670.

mikrobenfreie Territorien gehalten hat, tummeln sie sich zu Milliarden. Zahlenmäßig sind sie uns in jeder Hinsicht überlegen: Während wir 22 000 verschiedene menschliche Gene in unserem Körper tragen, hat eine einzige Bakterie in uns mehr als 1000 Gene. In uns sind somit etwa 3,3 Millionen fremde Gene aktiv, 300 Mal mehr, als wir in unserem Erbgut haben. Selbst in unserer DNA sind Gene von Mikroben eingebaut. Mehr noch: Sie scheint sich aus Viren heraus gebildet zu haben. Damit stehen wir heute vor der unbequemen Frage, was wir biologisch gesehen eigentlich mehr sind: Mensch oder Mikrobe?

Einmal mehr hat unser Selbstbild einen Kratzer abbekommen. Damit haben wir einige Übung. Kopernikus konfrontierte uns einst mit der Tatsache, dass die Erde nicht das Zentrum des Universums ist, Darwin eröffnete uns, dass unsere nächsten Verwandten die Affen sind, Freud zeigte uns, dass wir nicht einmal über uns selbst herrschen, sondern zu einem großen Teil von unserem Unterbewusstsein gelenkt werden, und heute müssen wir nicht nur erfahren, dass es Maschinen gibt, die besser Schach und Go spielen als wir, sondern dass wir zu einem großen Teil aus Mikroorganismen, schlimmer noch: Bakterien, bestehen.

Micro-bios[4] – das kleine Leben – ist unauflöslich mit unserer Existenz verwoben. Bakterien, Pilze, Parasiten, Viren – jene winzigen Quälgeister, über die wir die Nase rümpfen, die wir als lästige und gefährliche Verursacher von Krankheiten und Seuchen aller Art bekämpfen, die wir als Verursacher von Missernten im Visier

4 Das Kompaktlexikon der Biologie *Spektrum.de* definiert Mikroorganismen oder Mikroben als mikroskopisch kleine Organismen, die aus einzelnen Zellen oder Zellaggregaten bestehen: Bakterien, Archaea, ein großer Teil der Pilze einschließlich der Hefen, viele Algen und Einzeller. Viren sind »infektiöse Partikel«, die uns viele Rätsel aufgeben, werden aber aufgrund ihrer Größe meistens zu den Mikroorganismen gerechnet.

haben und gegen die wir in unserem Alltag schweres Geschütz auffahren – erhalten langsam als unermüdliche Helfer des Lebendigen die ihnen gebührende Anerkennung. Ohne sie könnten wir nicht sein. Mikroben verdauen unsere Nahrung, versorgen uns mit Energie, befreien uns von Abfallprodukten, reinigen unseren Organismus, sorgen für Austausch und Gleichgewicht, produzieren Vitamine, die wir nicht selbst herstellen können, aber zum Leben brauchen, bestimmen unsere Blutgruppe, stimulieren und unterstützen unser Immunsystem, schützen uns vor Krankheitserregern, beeinflussen unser Essverhalten, unsere Sexualität, unsere Hirnfunktionen, unser Sozialverhalten, ja selbst unsere Gefühle und unseren Charakter. Es scheint kaum einen Aspekt unseres Lebens zu geben, an dem Mikroben nicht beteiligt sind.

Als ein kontinuierlich sich entwickelndes Ökosystem fügen sie sich zum *Mikrobiom,* der Gesamtheit all unserer kleinen Mitbewohner, zusammen. Alle zusammen machen sie unsere Einzigartigkeit aus. Mikrobiell gesehen ist kein Wesen dem anderen gleich. Peer Bork vom *European Molecular Biology Laboratory* Heidelberg vermutet sogar, dass jeder Bewohner der Erde einen ganz individuellen Mikrobencocktail mit sich herumträgt, der ihn von allen anderen Menschen unterscheidet, so wie unser Genom oder unser Fingerabdruck. Um uns herum bilden die Mikroorganismen, die unsere Haut besiedeln, einen natürlichen Säureschutzmantel. Wo sie siedeln, können Bakterienarten, die nicht dorthin gehören, sich nicht niederlassen. So hindert zum Beispiel *Staphylococcus epidermidis* seinen uns unangenehm werden könnenden Artgenossen *Staphylococcus aureus* daran, es sich auf uns gemütlich zu machen.

Die meisten Bakterien leben dort, wo es feucht und warm ist. Auch auf glatten Flächen und in Flüssigkeiten schließen sie sich zu sogenannten Biofilmen zusammen, glitschigen und wasserhaltigen Schleimschichten oder Belägen, denen selbst mit scharfen Mitteln schlecht beizukommen ist. Die Arten variieren von einer Körperzone zur anderen und sind teilweise so verschieden, dass bestimmte Besiedlungen eher der eines anderen Menschen als der eigenen ähneln. Die Übereinstimmung der Bakterienarten auf unseren beiden Händen zum Beispiel beträgt gerade mal 17 Prozent.[5] Das liegt vor allem daran, dass wir sie für verschiedene Tätigkeiten einsetzen. Entsprechend formt und verändert sich die Wohngemeinschaft ihrer Siedler.

Pro Stunde verteilen wir etwa 30 Millionen Bakterienzellen um uns herum. Sie fallen uns aus dem Gesicht und vom Körper, wir atmen, niesen, husten und spucken sie aus. So lebt jeder von uns in einer Art Mikrobenwolke und hinterlässt eine unsichtbare Spur hinter sich.[6] Nichts hält die Kleinen auf, keine Maske, keine Handschuhe oder Kleidung. Dort, wo wir uns hinsetzen, erwartet uns schon der Mikrobencocktail unseres Vorgängers. So wie wir nicht ins Wasser steigen können, ohne nass zu werden, so können wir es nicht vermeiden, in jedem Augenblick unseres Lebens mit Mikroben in Kontakt zu sein. Und das ist gut so. Denn im Gegensatz zu Louis Pasteur, der so weit ging zu glauben, ein gesunder Körper sei steril, wissen wir seit Langem, dass wir ohne Mikroben sterben. Sie sind allgegenwärtig und bestimmen so gut wie jede unserer Körperfunktionen. Sie sind es auch, die für unseren Kör-

---

5 In Sebastian Jutzi: *Der bewohnte Mensch. Darm, Haut, Psyche – besser leben mit Mikroben.* Heyne Taschenbuch 2014

6 Diese Erkenntnis ist auch für die Forensik interessant: Anhand seines Mikrobenhaushalts kann exakt ermittelt werden, wo jemand wohnt und arbeitet, mit was er in Berührung kommt, welchen Umgang er hat, was er gegessen hat … Problematisch ist, dass sich die Zusammensetzung des Mikrobioms ändern kann und dann kein zuverlässiges Beweismittel mehr wäre.

pergeruch verantwortlich sind. Sie ernähren sich von den Aminosäuren, die in unserem Schweiß enthalten sind, und setzen bei den Stoffwechselprozessen mehr oder weniger angenehme Gase frei. Ob wir jemanden »gut riechen« können, liegt also auch an den Mikroben, die seinen Körper besiedeln. Mikroorganismen haben demnach sogar bei der Wahl unseres Partners ihre Finger mit im Spiel.[7]

Vier Stunden im selben Raum reichen aus, um ein Leben lang den Mikrobenabdruck eines anderen Menschen mit uns herumzutragen. Wenn wir eng zusammenleben oder arbeiten, gleichen sich unsere Mikrobiome einander an. Die Mikroben des einen erfassen die Mikroben des anderen nicht als unliebsame Eindringlinge, sondern heißen sie willkommen und arbeiten mit ihnen zusammen. Gemeinsam entwickeln sie einen stärkeren immunologischen Schutz aller Beteiligten.[8] Begegnungen, Austausch und Nähe mit anderen tun uns also nicht nur emotional und seelisch gut, sondern auch unserer körperlichen Gesundheit. Auch aus diesem Grund ist Küssen gesund. Die rund 4000 Bakterien, die dabei ausgetauscht werden, schützen zum Beispiel unsere Zähne vor Karies und Parodontose. Treten wir also zu wenig mit anderen Lebewesen in Kontakt, dann tun wir unserem Mikrobiom und damit unserer Gesundheit und dem Gleichgewicht unseres Organismus keinen Gefallen.

Je vielfältiger die Besiedlung, desto mehr Schutz bietet sie. Darin sind sich die Forscher einig. Mücken zum Beispiel scheinen sich eher für Menschen mit einseitiger Besiedlung zu interes-

---

7 Siehe dazu den auf Arte ausgestrahlten französischen Dokumentarfilm von Stéphane Begoin *Die unsichtbare Macht der Mikroben.*

8 In Yael Adler: *Haut nah.* Droemer 2016

sieren. In einer holländischen Studie konnte nachgewiesen werden, dass Menschen, die viele verschiedene Bakterienarten auf der Haut tragen, seltener vom Malariaüberträger *Anopholes gambiae* heimgesucht werden.[9] Insgesamt scheint zu gelten: Je mehr unterschiedliche Mikroben es gibt, desto besser funktioniert die Zusammenarbeit. Diese Erkenntnis macht sich heute bereits die Kosmetikindustrie zunutze. Es gibt zunehmend Pflegeprodukte, die auf der Basis von Mikroben hergestellt werden. Eine bis vor Kurzem noch unvorstellbare Neuerung. So vergleicht Caroline Nègre aus der Forschungsabteilung von *Biotherm* die aktuellen Entdeckungen zu der Kooperation Mensch – Mikrobe sogar mit einer Mondlandung.[10] Sie revolutionieren nicht nur unser Verhältnis zu unserem eigenen Körper, sondern auch zu anderen Lebewesen und damit letztlich auch zum Leben. Das, was vor Kurzem noch als ekelhaft galt, benutzen wir heute als teure Pflegeprodukte. Das, von dem wir bisher glaubten, es mache uns krank, trägt in Wirklichkeit zu unserer Gesundheit bei.

Auch die Medizin nutzt diese Erkenntnisse. Junge Start-up-Unternehmen entwickeln eine ganz neue Art von Medikamenten, die auf dem Zusammenwirken von Bakterien basieren. Ein Team an der Technischen Hochschule Zürich arbeitet beispielsweise daran, mit sogenannter Bakterientinte medizinisch nutzbares Gewebe herzustellen.[11] Erst jetzt beginnen wir zu erkennen, wie wichtig die Rolle ist, die Mikroben für unser Leben und unsere Gesund-

---

9 Verhulst et al : *Differential Attraction of Malaria Mosquitoes to Volatile Blends Producted by Human Skin Bacteria.* PLoS ONE, BD.5, 2017

10 Kosmetikteil der Zeitschrift *Brigitte* Nr. 13 vom 17.06.2017

11 Schaffner, Manuel et al.: *3D printing of bacteria into functional complex materials :* http://advances.sciencemag.org/content/3/12/eaao6804.full

heit spielen. Es wird daran geforscht, wie bestimmte Kombinationen von Mikroorganismen fehlerhafte Vorgänge regulieren und gestörte Balancen wiederherstellen können. Im Fokus stehen in diesem Fall nicht Chemikalien und synthetisch hergestellte Wirkstoffe, sondern lebendige Organismen, die dem Körper auf natürliche Weise helfen können.

Einer der aktuellen Höhepunkte der Mikrobenforschung ist die Stuhltransplantation. Es handelt sich dabei nicht um den Umzug von Möbeln. Um den sich rasant ausbreitenden Störungen und Erkrankungen des Darms wie Reizdarm, Morbus Crohn, Glutenunverträglichkeit, Nahrungsmittelallergien, Übergewicht, Diabetes, chronischer Verstopfung und auch Nervenerkrankungen wie Multipler Sklerose entgegenzuwirken, injiziert man Menschen mit kranker und verarmter Darmflora verdünnte Fäkalproben gesunder Menschen. Die Idee für diese Art von Therapie ist nicht neu. Sie wird seit Langem zum Beispiel in der chinesischen Medizin angewendet und existiert bei uns bereits seit den 50er-Jahren. Sie erhielt jedoch erst nach der Veröffentlichung einer Studie im renommierten *The New England Journal of Medicine* im Jahr 2013 besonderes Interesse. Erstmals war es Ärzten gelungen, das hartnäckige, oft tödliche und vor allem in Krankenhäusern grassierende *Clostridium difficile,* das sich nach einer Antibiotikabehandlung und aufgrund fehlender Konkurrenz in der Darmflora ausgebreitet und zu einer lebensgefährlichen Durchfallerkrankung geführt hatte, endgültig zu vertreiben.

Mikroben sind uns also vor allem eins: nützlich. Unsere heute immer noch weitverbreitete Angst vor ihnen ist in den allermeisten Fällen unbegründet. Nur etwa ein Prozent aller Arten kann dem Menschen unter bestimmten Umständen gefährlich werden.

Normalerweise haben wir von ihnen nichts zu befürchten.[12] Ein intaktes Immunsystem sorgt immer wieder für Gleichgewicht und ist dazu in der Lage, eventuell auftretende Fehlbesiedlungen auszugleichen. Über Entzündungen, Schwellungen, Schmerz und Funktionseinschränkungen spüren wir dann, dass unser Körper gerade dabei ist, sich von seinen unliebsamen Gästen zu verabschieden. Fieber, Husten, Schnupfen oder Wundsekrete sind Zeichen dafür, dass die Entsorgung funktioniert. Die Selbstheilungskräfte unseres Körpers sind so angelegt, dass pathogene Erreger ganz von selbst wieder ausgeschwemmt werden. Die subtilen und perfekt aufeinander abgestimmten Prozesse in unserem Körper sind stets darauf ausgerichtet, uns so lange wie möglich unter besten Bedingungen am Leben zu halten. Dem können wir vertrauen. Denn wäre dies nicht so, würden wir heute nicht leben.

Kooperation

Auch wenn es uns immer wieder anders weisgemacht wird: Leben entsteht weniger aus Konkurrenz heraus, sondern vielmehr aus einem fruchtbaren und abwechslungsreichen Miteinander. Nur wenn Lebewesen miteinander teilen und sich austauschen, kann

---

12 In ihrem Buch *Bund fürs Leben* schreiben Hanno Charisius und Richard Friebe: »*Bakterien sind enge Freunde, weil sie uns nicht von der Seite weichen. Sie sind verlässliche Freunde, weil wir sie schon sehr, sehr schlecht behandeln müssen, damit sie uns verlassen oder sich rächen. Sie sind hilfreiche Freunde, weil sie normalerweise Dinge tun, ohne die uns das Leben schwerfiele. Sie sind alte Freunde, weil wir mit ihnen seit Ewigkeiten zusammen sind. Sie sind gesellige Freunde, weil sie mit uns essen und trinken. Und sie sind auch deshalb besondere Freunde, weil sie uns in aller Stille und ohne groß auf den Putz zu hauen ihre freundschaftlichen Dienste gewähren. So still, dass wir sie bis vor kurzem nicht einmal bemerkt haben.*«

sich immer wieder Neues bilden. So ist es mit allem, was wir bisher erforscht haben, seitdem vor mehr als 4,5 Milliarden Jahren die Erde aus einer gigantischen Gaswolke heraus entstand. Es dauerte noch fast eine Milliarde Jahre, bevor sich aus der brodelnden Ursuppe heraus die ersten kernlosen Einzeller entwickelten. Vor etwa drei Milliarden Jahren tauchten erste Bakterien auf, die die Basis aller höher entwickelten Lebensformen wurden. Aus ihnen ging alles weitere Leben hervor. Mit dem Freisetzen von Sauerstoff schufen sie die Bedingungen für das heutige Leben auf der Erde. Nachdem sich das Leben lange zunächst nur im Wasser entwickelt hatte, begannen vor etwa 500 Millionen Jahren Algen und Insekten, das Land zu besiedeln. Vor ungefähr 200 Millionen Jahren entstanden erste Säugetiere und vor etwa 300 000 Jahren, kaum auf der Zeitleiste erkennbar, der Frühmensch *Homo sapiens,* »der mit Weisheit begabte Mensch«.

Die Evolution schafft ständig Neues, ohne dass das Alte dabei zwangsläufig verschwindet. Auch wenn die einen Nahrung für die anderen sind, so ist das Prinzip des Lebendigen keineswegs Kampf, Töten und Vernichten, sondern ein immerwährendes Streben nach Verbindung und Zusammenschluss. Seine Antriebskraft ist die *Symbiose:* zusammen für das Leben.[13] Aus der Symbiose von ein- oder wenigzelligen Bakterien und Archaeen – sogenannte Prokaryoten mit Zellen ohne Zellkern – haben sich vor 1,7 Milliarden Jahren die Eukaryoten entwickelt, Einzeller mit Zellkern. Aus ihnen entstanden später, so die Evolutionstheorie, Pflanzen, Vögel, Reptilien, Säugetiere und schließlich auch wir. Die Voraus-

---

13 Zur Rolle der Symbiose: Marc-André Selosse: *Jamais seul. Ces microbes qui construisent les plantes, les animaux et les civilisations.* (Niemals allein. Wie Mikroben, Pflanzen, Tiere und Zivilisationen konstruieren). Actes Sud 2017

setzung für die Entstehung komplexer Lebensformen war die Einwanderung von Bakterien in einen Vorgänger der eukaryotischen Zellen, aus denen sich die Mitochondrien gebildet haben, die kleinen Kraftwerke innerhalb unserer Zellen, die Sauerstoff in Energie verwandeln und damit die Zellen und den gesamten Organismus erst lebensfähig machen.

Über die sich über Jahrmillionen aufbauende Kooperation zwischen Zelle und Mikrobe bildeten sich schließlich größere zusammenhängende Organismen. Alle komplexeren Lebewesen auf der Erde leben in Synergien mit einfachen Organismen wie Bakterien, Pilzen und Amöben. Auch die Mitochondrien in unseren Zellen sind eigentlich mit uns in Symbiose lebende Cyanobakterien mit eigener DNA. So ist alles heute existierende Leben nur mithilfe der Mikroorganismen möglich. Sie haben die Atmung und die Fotosynthese erfunden und die Bedingungen für alle ihnen nachfolgenden Lebensformen geschaffen. Ohne die Aktivitäten der Mikroben wären wir nicht Mensch geworden.

Verschiedenste Lebensformen existieren heute nebeneinander und miteinander: Prokaryoten leben an der Seite von Eukaryoten, Mehrzeller an der Seite von Einzellern, Bakterien an der Seite von Menschen. Wir alle sind *Holobionten*, Lebensgemeinschaften, die aus mehreren, eng kooperierenden und aufeinander angewiesenen Lebewesen bestehen. In lebendigen und intelligenten Ökosystemen agiert jeder einzelne Teil gleichzeitig nach seinen eigenen Bedürfnissen und im Sinne des zusammenhängenden Ganzen. So ist die Geschichte des Universums in jeder Hinsicht ein unaufhörlicher Zusammenschluss von einfachen Organismen hin zu komplexeren: Aus der Verbindung von Higgs-Teilchen und Quarks entstand Masse, aus der Verbindung von Quarks entstanden Atomkerne, aus dem Zusammenschluss von Atomkernen und Elektronen Wasserstoff- und Heliumatome.[14]

In der Entstehungsgeschichte des Lebens geht es immer wieder um Verknüpfungen, Verschmelzungen, Synergien, Allianzen. Beim genaueren Hinsehen sind es selten die Stärksten oder die Skrupellosesten, die überleben, sondern diejenigen, die sich am besten organisieren und mit ihresgleichen oder anderen verbinden. Obwohl Darwins Lehren immer wieder mit einer Vorstellung des Lebens als unerbittlicher Kampf zusammengebracht werden, bei dem sich alle feindlich gegenüberstehen und es zwangsläufig immer einen Gewinner und einen Verlierer gibt, erzählt die Evolution eine ganz andere Geschichte. Sie handelt vom Zusammenwirken anstatt Besiegen und Kooperation anstatt Dominanz.[15]

Die meisten Lebewesen pflanzen sich geschlechtlich fort, obwohl sie dabei im Gegensatz zur ungeschlechtlichen Fortpflan-

---

14 *Die Evolution des Universums ist eine Erfolgsgeschichte von inzwischen 14 Milliarden Jahren. Sie basiert auf einer kreativen Dynamik, die im Zusammenspiel von Unterschiedlichem immer komplexere schöpferische Innovationen und damit qualitativen Wandel hervorbringt. Es ist ein Plus-Summen-Spiel, an dem alle beteiligt sind und alle gewinnen. Wir können lernen, dieses Spiel bewusst mitzuspielen. Wir können aber auch im zerstörerischen Gegeneinander steckenbleiben und das Ganze weiter so destabilisieren, dass am Ende alle zu Verlierern werden.* So formuliert es die Diplom-Pädagogin in einem Artikel im Rubikon: https://www.rubikon.news/artikel/raus-aus-der-machtlosigkeit

15 Siehe hierzu auch das Werk von Pjotr Alexejewitsch Kropotkin. Der russische Prinz war zunächst von Darwins Hauptwerk *Über die Entstehung der Arten* begeistert. Er ließ den Luxus am Hof hinter sich, um in Sibirien eigene Forschungen zu betreiben. Hier beobachtete er beinahe das Gegenteil der verbreiteten Theorie von Darwin: Wer überlebte, waren nicht die stärksten Tiere oder Pflanzen, sondern diejenigen, die am meisten zusammenarbeiten. Darwin machte seine Beobachtungen in tropischen Gefilden, wo Überfluss vorherrscht. In der Kälte Sibiriens hingegen darf keine Energie verschwendet werden. Man muss zusammenarbeiten, um zu überleben.

zung nur die Hälfte ihrer Gene weitergeben. Sie teilen sie zugunsten der Gene ihrer Partner und werden, wie der Biologe John Maynard Smith erstmals feststellte, durch die Vermischung und Variabilität deutlich anpassungs- und widerstandsfähiger. Das Miteinander hat sich stets als weitaus vorteilhafter als das Gegeneinander erwiesen. Darwins Evolutionstheorie vom *survival of the fittest* ist daher eher Metapher als wissenschaftliche Erkenntnis, denn in seinem Werk geht es tatsächlich weniger um Konkurrenz als vielmehr um Gegenseitigkeit. Darwin prägte vor allem Begriffe wie *natürliche Selektion* und *Anpassung an die Umwelt* und betonte, dass das Leben der Verbindung und dem Frieden weit mehr zu verdanken hat als der kämpferischen Auseinandersetzung. Wenn der Sozialdarwinismus Teilaspekte aus Darwins Lehren auf menschliche Gesellschaften überträgt, so handelt es sich hierbei weniger um eine biologische Realität als vielmehr um Interpretationen vom liberalen Kapitalismus inspirierter Denker, die ihr Fundament auf totalitären und lebensverachtenden Gesellschaftsformen bauen. Denn Leitsätze wie der Kampf ums Dasein und das *Recht des Stärkeren* bieten eine perfekte Grundlage zur Rechtfertigung jeder Form von Ausbeutung, Zerstörung, Unterdrückung und Krieg. Doch bei genauerem Hinsehen ist das *Gesetz des Dschungels* vor allem eines: fruchtbare Zusammenarbeit.

Im Gegensatz zu uns existieren die kleinsten aller Lebewesen, aus denen alles weitere Leben hervorgegangen ist, nicht als Einzelwesen. Mikroorganismen kommen nur als Kolonien vor. Es scheint, als würden sie stets in bestimmten Kombinationen mit anderen Stämmen zusammenleben. Alle zusammen wirken im Interesse der Gemeinschaft. Sie teilen miteinander und unterstützen sich gegenseitig. Wenn sie zum Beispiel unter Stress geraten, dann helfen die Widerstandsfähigeren den Schwächeren, indem die einen Substanzen freisetzen, die den anderen fehlen. Sie tun es selbst dann, wenn es auf Kosten ihres eigenen Energiehaushalts geht.[16] Denn schließlich hätte niemand etwas davon, wenn nur die Starken überleben würden. Eine gesunde Gemeinschaft braucht Vielfalt! Jeder hat seine Aufgaben in ihr zu erfüllen, und jeder hat seine besonderen Qualitäten. Die Zusammenarbeit findet bei den Mikroorganismen nicht nur mit der gleichen Art statt. Sie kooperieren auch artfremd, um ein möglichst stabiles Gleichgewicht zu garantieren. Je mehr Arten miteinander kooperieren, desto besser ist es für alle.

Vor allem seit der industriellen Revolution ist jedoch das fein aufeinander abgestimmte Gleichgewicht, das sich über viele Millionen Jahre entwickelt hat, stark ins Wanken geraten. Verbesserte Hygienebedingungen haben nicht nur Leben gerettet, sie haben auch vieles durcheinandergebracht. Seit wir desinfizieren, sterilisieren, pasteurisieren, homogenisieren und desodorisieren, seit wir alles heiß abwaschen und lange Vollbäder nehmen, unsere Pflanzen und Böden mit Pestiziden, Insektiziden und Herbiziden bearbeiten und unsere Tiere mit Antibiotika füttern, ist die Artenvielfalt der Mikroorganismen beachtlich zurückgegangen. Bei den Bewohnern der Industrieländer sind viele Bakterienarten inzwischen sogar komplett verschwunden. Darunter leidet nicht nur das Gleichgewicht in der Natur, sondern auch unsere Gesundheit.[17]

Die Forscherin Maria Gloria Dominguez-Bello konnte anhand von Stuhlproben feststellen, dass in den Industrienationen im Gegensatz zu den Völkern der Dschungel des Amazonas oder der Savannen Afrikas die ursprüngliche Vielfalt teilweise um 50 Prozent gesunken

16 *Bacterial charity work leads to population-wide resistance:* Team um James Collin: http://www.nature.com/nature/journal/v467/n7311/abs/nature09354.html

17 Dazu der Film von Andrea Eder: *Der Hygienewahn und seine Folgen*

ist. Das macht uns heute deutlich empfindlicher für Krankheiten. Auch Martin Blaser, Direktor des *New York University Human Microbiom Program,* beobachtet, dass sich unser Mikrobiom seit gut 100 Jahren dramatisch reduziert. Dabei bleibt die Anzahl der Bakterien insgesamt gleich. Doch anstatt einer bunten und abwechslungsreichen Besiedlung gibt es, so Blaser, nur noch eine Art grauen Einheitsbrei. Vor allem unsere Mundflora ist aufgrund industrieller Nahrung, einem zu hohen Zuckerverbrauch und Amalgamfüllungen in den Zähnen aus dem Gleichgewicht geraten. Umweltgifte, Antibiotika, Kortikoide, Strahlenbehandlung, Chemotherapie, Parfums, Kosmetika, Antiseptika und entzündungshemmende Mittel stören dauerhaft das Zusammenspiel des Haut-, Mund-, Lungen-, Vaginal- und Darmmikrobioms und führen dazu, dass die natürlichen Barrieren, die potenzielle pathogene Erreger davon abhalten, in unseren Organismus zu gelangen, durchlässig werden. Die Folge sind akute und chronische Erkrankungen, die sich mit einer gesunden Lebensführung, entsprechender Ernährung und dem Verzicht auf zu viel Hygiene und Medizin durchaus vermeiden ließen.

Kleine Leibwächter

Wir werden durch unsere Geburt, wenn sie natürlich abläuft, perfekt auf das Leben vorbereitet. Zu unserem Schutz gibt uns unsere Mutter ihr Mikrobiom mit auf den Weg. Mit ihm bekommt der neugeborene kleine Körper die Basis für sein eigenes Immunsystem. Bis zu vier Jahren wird es brauchen, bis es voll ausgebildet und funktionstüchtig ist. Je nach Zusammensetzung der Mikroben, mit denen wir bei unserem Eintritt in die Welt in Kontakt kommen, werden sich das mikrobielle Gleichgewicht in unserem Körper und damit auch unsere Gesundheit entwickeln. Kinder, die per Kaiserschnitt geboren werden, erhalten diesen Schutz nicht.

Anstatt der Vaginal- und Darmmikroben der Mutter bekommen sie die auf der Haut siedelnden Bakterien der bei der Geburt Anwesenden und die Mikroben aus der Luft des Krankenhauses mit auf den Weg. Für die Neugeborenen ist es nicht ideal, beim Eintritt in das Leben mit Mikroben konfrontiert zu werden, die nicht natürlicherweise zu ihm gehören. Vor allem in den ersten Lebensmonaten sind diese Kinder viel empfindlicher und anfälliger für Krankheiten als die auf natürlichem Wege Geborenen. Sie neigen eher zu Blähungen, Koliken und Entzündungen. Ihr Immunsystem kann sich nicht so gut ausbilden, und sie haben später ein höheres Risiko für Krankheiten wie Diabetes, Fettleibigkeit, Erkrankungen des Darms, Asthma und Allergien. [18]

Einen weiteren wichtigen Schutz erhalten Neugeborene über das Stillen. Durch die bei der natürlichen Geburt aufgenommenen Milchsäurebakterien der Vaginalflora der Mutter wurden sie perfekt auf die Verdauung der Muttermilch vorbereitet. Eine Million Bakterien pro Milliliter und über 600 Bakterienarten erhält das Kind durch das Stillen. Diese helfen ihm dabei, die schützende Darmflora aufzubauen. In den ersten Lebensmonaten und Jahren ist es für den sich ausbildenden Organismus wichtig, mit besonders vielen verschiedenen Mikrobenarten in Kontakt zu kommen. Nur so kann sich das heranwachsende Immunsystem richtig ausbilden und dem Körper den entsprechenden Schutz bieten. Besonders gut ausgestattet und geschützt sind Kinder, die mit vielen verschiedenen Pflanzen und Tieren auf einem Bauernhof aufwachsen, denn unser Immunsystem wird nur dann trainiert, wenn es mit möglichst vielen Antigenen aus der Umwelt konfrontiert wird. [19]

---

18 Hierzu der Film *Microbirth* von Toni Harman und Alex Wakeford: http://microbirth.com/

19 *Lancet:* Riedler et al., 2001

Wenn ein Kind alle möglichen Gegenstände in den Mund nimmt, dann hilft das nicht nur bei der Erkundung der Umwelt und dem Wachstum der Zähne. Durch die Bekanntschaft mit den Mikroben seiner Umgebung stimuliert und stärkt das Kind ebenfalls sein Immunsystem. Zu viel Hygiene oder gar Isolation sind daher auch hier ungesund. Der Kontakt zu anderen Kindern ist nicht nur für die Entwicklung des Sozialverhaltens wichtig. Er bietet ebenfalls die Möglichkeit, sich mit den in den meisten Fällen harmlos verlaufenden Kinderkrankheiten wie Röteln, Masern, Mumps und Windpocken anzustecken. Sie sind die natürlichen Etappen auf dem Weg zum Erwachsenwerden. Nach durchstandener Krankheit sind wir in unserer Entwicklung zumeist einen Schritt weiter und ein Leben lang gegen die Erreger immun.[20]

Die meisten Mikroben siedeln in unserem Darm. Bis zu zwei Kilogramm kann die Darmflora wiegen, die eigentlich Darmfauna heißen müsste, denn es handelt sich bei unseren Mitbewohnern ja nicht, wie man lange Zeit glaubte, um Pflanzen. Etwa acht Meter misst der Darm eines erwachsenen Menschen. Würde man all die Windungen, Falten und Zotten ausbreiten, ergäbe sich eine Länge von etwa sieben Kilometern. Viel Platz für etwa 100 Billionen Bakterien und 1000 verschiedene Arten. Diese schweben nicht, wie man früher dachte, durch die Darmwindungen, um ab und zu an

---

20 Die Infektionskrankheiten, die wir als Kinder durchmachen, schützen uns auch vor anderen Erkrankungen. Nach einer durchgestandenen Mumpserkrankung etwa, so zeigen frühe Studien, verringert sich für Frauen das Risiko, später an Eierstockkrebs zu erkranken: West R., Cancer 1966, 19:1001-1007. Auch andere Krebsarten sind nach einer Mumpserkrankung seltener: Albonico H.U., Med Hypotheses 1998, 51(4): 315–320. Außerdem senkt Mumps in der Kindheit die Wahrscheinlichkeit, im späteren Leben an Multiple Sklerose zu erkranken: Kesselring, J. Schweiz Med Wochenschrift 1990, 120:1083-1090.

ein paar Nahrungsbröckchen zu knabbern. Darmbakterien haben alle Hände voll zu tun: Sie verwandeln Nährstoffe in Energie, spalten Gifte auf und scheiden nicht Verwertbares aus. Sie bilden die wichtigen Vitamine K, B1, B2 und B12, die wir nicht selbst herstellen können, schützen die Darmwand und sorgen für ein gut funktionierendes Immunsystem.

Grundsätzlich besiedeln drei Bakterientypen unseren Darm, unabhängig von Geschlecht, Geografie und Ernährung. In jedem von uns scheint jeweils ein Typ zu überwiegen, so als wollten die Bakterien stets in einer bestimmten Gemeinschaft zusammenleben. *Bacteroides, Ruminococcus* und *Prevotella* sind die klangvollen Namen unserer unermüdlichen kleinen Helfer. Jeder der drei Bakterientypen hat bestimmte Vorlieben und einen anderen Stoffwechsel, und jeder Typ beeinflusst auf seine Weise das Funktionieren des Organismus, der ihn beherbergt. Die Qualität der Besiedlung unseres Darms spielt daher eine zentrale Rolle für unsere Gesundheit. *Alle Krankheiten beginnen im Darm* – das wusste schon Hippokrates. Nicht nur Verdauungserkrankungen nehmen hier ihren Ursprung. Bei mehr als 100 Krankheiten hat man bereits nachgewiesen, dass sie direkt oder indirekt mit der Beschaffenheit unserer Darmflora zusammenhängen, darunter Allergien, Alzheimer, Arthrose, Autismus, Asthma, Bluthochdruck, Depressionen, Diabetes, Grippe, Hautkrankheiten, Krebs, Parkinson und Schizophrenie.[21]

Der Darm beherbergt 80 Prozent der Immunzellen unseres Körpers. Diese regeln die Aktivtäten der Darmbakterien, die Aufgaben

21 Thomas Postler und Sankar Ghosh von der Columbia University in New York in einem Übersichtsartikel im Fachjournal *Cell Metabolism: Understanding the Holobiont: How Microbial Metabolites Affect Human Health and Shape the Immune System*, Juli 2017.

erledigen, die die Zellen alleine nicht ausführen können. Im Laufe der Evolution haben die Zellen gelernt, Fremdes von Eigenem zu unterscheiden und die dem Organismus nützlichen Mikroorganismen zu integrieren. So hat sich ein sensibles Gleichgewicht eingependelt, das alle Beteiligten permanent neu justieren. Mikroben und Körperzellen wachsen aneinander und miteinander. Ihr Zusammenspiel entspricht eher einer Art intelligentem Teammanagement als einem kriegerischen Abwehrsystem. Doch unsere Lebensweise bringt dieses Zusammenspiel zunehmend durcheinander und fordert unser Immunsystem ständig neu heraus. Eine Studie der Universität Bonn etwa zeigt, dass Fast Food das Immunsystem langfristig aggressiv macht und es auf Hamburger, Fertigpizza und Co. schließlich wie auf eine Infektion reagiert.[22]

Wenn die Darmflora durch schlechte Ernährung, Stress, Schadstoffe oder Medikamente in Mitleidenschaft gezogen ist, kann es zu Fehlbesiedlungen kommen, die auch das Zusammenspiel zwischen Mikroben und Zellen stören. Die Zellen der Darmwand können sich nicht mehr ausreichend regenerieren, und die natürliche Grenze, die die Bakterien davon abhält, vom Darm ins Innere des Körpers zu gelangen, funktioniert nicht mehr richtig. So hilfreich Darmmikroben im Darm sind, so gefährlich können sie werden, wenn sie in den Blutkreislauf gelangen. Sie werden dadurch nicht böse. Sie gehören nur nicht in diese Umgebung.

Grundsätzlich kann man nicht von *guten* oder *bösen* Bakterien sprechen. Dieselbe Bakterienart kann in einem Milieu vorteilhaft wirken und in einem anderen zur Gefahr werden. Es ist wie mit allem: Feuer kann wärmen und verbrennen, Wasser Durst löschen und ertränken, eine Situation kann Leben retten oder zerstören. Es

---

22 Fast food makes the immune system more aggressive in the long term: https://www.uni-bonn.de/news/010-2018

kommt immer auf die Bedingungen und die Zusammenhänge an. Ein Beispiel für das verschiedenartige Wirken der Bakterien ist *Helicobacter pylori*. Mehr als jeder zweite Mensch trägt diesen Erreger in der Magenschleimhaut. 90 Prozent der Betroffenen merken davon nichts, denn ein gesundes Immunsystem hat ihn unter Kontrolle. Bis zu seiner Entdeckung glaubte man, dass in einem so sauren Milieu wie dem Magen überhaupt keine Mikroben überleben können. Als Auslöser für Magenprobleme und Erkrankungen sah man vor allem die Lebensumstände und die genetische Veranlagung. 1980 jedoch entdeckten Robin Warren und Barry Marshall, dass *Helicobacter pylori* am Auftreten von Magengeschwüren und Magenkrebs beteiligt ist, und bekamen dafür 2005 den Nobelpreis.

Mit dieser Entdeckung wurden Mikroben erstmals mit der Entstehung von Krebs in Verbindung gebracht, was nicht zur Verbesserung ihres Rufes beitrug. Martin Blaser von der *New York University* glaubt jedoch, dass eine Bakterienart, die sehr lange in einem Organismus überlebt und nicht von dessen Immunsystem eliminiert wurde, diesem nicht nur Nachteile bringen kann. Nach seinen Beobachtungen siedeln Mikroben sich nicht zufällig irgendwo an, sondern gehen Lebensgemeinschaften ein, von denen alle etwas haben.[23] Ein Team von Epidemiologen bestätigte dies mit der Entdeckung, dass der gefürchtete *Helicobacter pylori* gleichzeitig vor Asthma und Speiseröhrenkrebs schützt.[24] Offensichtlich kann man ihn nicht auf nur eine Rolle

---

23 Martin Blaser: *The infection connection: Helicobacter pylori is more than just the cause of gastric ulcers – it offers an unprecedented opportunity to study changes in human microecology and the nature of chronic disease.* https://www.ncbi.nlm.nih.gov/pmc/articles/PMC1479565/

24 Isabelle C. Arnold, Nina Dehzad, Sebastian Reuter, Helen Martin, Burkhard Becher, Christian Taube, Anne Müller: *Helicobacter pylori infection prevents allergic asthma in mouse models through the induction of regulatory T-cells,* Journal of Clinical Investigation, Vol. 121, 2011

festlegen. Er verhindert Krankheiten wie Multiple Sklerose und Morbus Crohn und fördert die Entstehung von Herzleiden und Parkinson.

Die Kinderärztin Erika von Mutius meint, dass es grundsätzlich überhaupt nicht möglich ist, Gleichungen aufzustellen, in denen einer Mikrobenart jeweils eine Funktion zukommt. Sie vermutet vielmehr, dass alles redundant bestückt ist, das heißt, dass eine Art je nach Umfeld und Bedingungen verschiedene Aufgabenfelder bearbeiten kann. Der Ernährungsphysiologe Dirk Haller von der TU München geht sogar so weit anzunehmen, dass es vollkommen egal ist, welches Bakterium welche Aufgabe übernimmt. Die Entdeckungen des niederländischen Professors Michiel Kleerebezem bestätigen diese Annahme. Er trug harmlose Milchsäurebakterien auf die Dünndarmwand von Probanden auf und stellte dabei fest, dass die Schleimhäute mit kleinen Entzündungen reagierten, wie sie es in Kontakt mit pathogenen Erregern tun.

Immer mehr Forschungsergebnisse tragen dazu bei, dass sich unsere Aufteilung in gute und böse Bakterien zunehmend als Irrglaube herausstellt. Im Jahr 2013 erschien eine groß angelegte Studie, die die Infektionstheorie grundsätzlich infrage stellt.[25] Europäische Forscher fanden heraus, dass das für Hirnhautentzündung, Mittelohrentzündung und viele andere Krankheiten verantwortlich gemachte Bakterium *Mycoplasma pneumoniae* gleichermaßen in kranken wie in gesunden Kindern vorhanden ist. Diese Entdeckung legt die Vermutung nahe, dass Krankheiten überhaupt nicht entstehen, wenn bestimmte Erreger in

---

25 Carriage of *Mycoplasma pneumoniae* in the Upper Respiratory Tract of Symptomatic and Asymptomatic Children: An Observational Study: http://journals.plos.org/plosmedicine/article?id=10.1371/journal.pmed.1001444

den Körper gelangen. Die Mikroben sind schon da und werden nur durch Prozesse aktiviert, die uns noch unbekannt sind. Damit stehen wir vor der grundsätzlichen Frage, ob es überhaupt die Mikroben sind, die uns krank machen. In jedem Fall scheint mit den anpassungsfähigen Multitalenten in uns vieles möglich zu sein.

Interaktionen

Mikroben haben einen Einfluss auf so gut wie alle Prozesse, die sich in unserem Körper abspielen. So hängen zum Beispiel auch die Kilos, die wir auf die Waage bringen, nicht nur davon ab, was und wie viel wir essen, sondern auch davon, wie unsere Darmbakterien arbeiten und wie sie die entsprechenden Nährstoffe umsetzen. Grundsätzlich gilt: Je vielfältiger die Darmflora, desto weniger Gewichtsprobleme haben wir. In Versuchen hat man dicken Mäusen die Darmbakterien von dünnen Menschen injiziert und dabei festgestellt, dass die dicken Mäuse abnehmen, ohne ihr Essverhalten geändert zu haben.[26] Aus dieser Erkenntnis können sich ganz neue Behandlungsmethoden zum Beispiel für starkes Übergewicht entwickeln.

Eine erstaunliche Entdeckung machte die amerikanische Mikrobiologin Lauren Petersen: Sie hat sich selbst Darmbakterien von einem Radsportler injiziert und nicht nur festgestellt, dass ihr Darmhaushalt ausgeglichener wurde, sondern auch, dass sie plötzlich selbst Lust auf Radsport bekam! Im *Athlete Microbiom Project* versucht sie, die Zusammensetzung der Darmflora von Hochleis-

---

26 *Gut Microbiota from Twins Discordant for Obesity Modulate Metabolism in Mice,* Vanessa K.; Ridaura et al.: http://science.sciencemag.org/content/341/6150/1241214

tungssportlern zu ergründen.[27] Gibt es Bakterien, die für die eine oder andere Sportart disponieren? Oder für bestimmte andere Kompetenzen? In jedem Fall ist mittlerweile nachgewiesen, dass Sport gut für die Gesundheit des Darms ist. Insgesamt besteht heute kein Zweifel daran, dass unsere Darmbakterien Einfluss auf unseren gesamten Energiehaushalt haben, auch wenn wir noch nicht wissen, wie das genau funktioniert.

Die unseren Darm besiedelnden Bakterien beeinflussen offensichtlich nicht nur unseren Appetit, unser Gewicht und unsere Disposition für bestimmte Krankheiten, sondern auch unser Verhalten und unseren Charakter. Wie das Gehirn kann der Darm Informationen aufnehmen und verarbeiten. Das sogenannte Glückshormon Serotonin zum Beispiel wird zu 80 Prozent im Darm produziert, wie auch das Acetylcholin, ein Botenstoff für das Gedächtnis, und das an Lernprozessen, Emotionen und Schlaf beteiligte Noradrenalin. Darmbakterien haben eine zentrale Rolle bei der Aktivierung dieser Botenstoffe.[28] Während sich das Gehirn isoliert am oberen Ende unseres Körpers befindet, ist der Darm sozusagen mittendrin im Geschehen. Auch wenn er viele Vorgänge eigenständig bearbeitet, kommunizieren Darm und Gehirn unentwegt miteinander. Die Verständigung läuft über Hormone,

---

27 *Athletes' Microbiomes Differ from Nonathletes:* https://www.the-scientist.com/?articles.view/articleNo/49450/title/Athletes-Microbiomes-Differ-from-Nonathletes/

28 Es scheint außerdem Zusammenhänge zwischen bestimmten psychischen Erkrankungen und der Bakterienart zu geben, die vorrangig unseren Darm besiedelt. Bei depressiven Menschen hat man zum Beispiel besonders viele Bakterien der Familie der *Bacteroides* in der Darmflora gefunden und bei autistischen Kindern nur wenige Bakterien der *Prevotella*-Familie: Naseribafrouei et al.: *Neurogastroenterology and Motility* 2014, Kang: *PlosOne* 2013

Botenstoffe, sensorische Neuronen und Signale des Darmmikrobioms.[29] 100 Millionen Neuronen umfasst das Nervensystem im Magen-Darm-Trakt, weshalb man den Darm auch als *zweites Gehirn* oder *Bauchgehirn* bezeichnet.[30] Bei der Erforschung der wechselseitigen Kommunikation zwischen Darm und Hirn stellte Peter Holzer, Professor für Experimentelle Neurogastroenterologie, fest, dass die Art der Informationen, die zwischen Bauch und Hirn zirkulieren, abhängig von der Beschaffenheit unserer Darmflora ist. Sie bestimmt also indirekt unsere Stimmung, unsere Gefühle, unsere Stressanfälligkeit und unseren Appetit. Eine krankhaft veränderte Kommunikation zwischen Magen-Darm-Trakt und Gehirn kann demnach nicht nur Übelkeit und Schmerz hervorrufen, sondern auch für psychische Störungen verantwortlich sein.[31] Da die Verbindungen zu 90 Prozent über zum Gehirn hin aufsteigende Nervenfasern laufen und nur zu 10 Prozent vom

---

29 *Gut microbes may talk to the brain through cortisol* https://www.eurekalert.org/pub_releases/2017-08/uoic-gmm082117.php

30 Der Volksmund weiß schon lange um die Verbindung zwischen Hirn und Bauch: *Bauchgefühl; Schmetterlinge im Bauch; Mir ist eine Laus über die Leber gelaufen; Es liegt mir schwer im Magen; Da kommt mir die Galle hoch …* Die Norwegerin Gerda Boysen hat auf der Basis der Darm-Hirn-Achse eine Therapie entwickelt, die zeigt, wie nah Seele und Bauchgefühl miteinander verwoben sind. Sie erforschte den Abbau seelischer Spannungen durch das Verdauungssystem. Während ihrer Behandlungen hörte sie den Darm mit einem Stethoskop ab und stellte dabei fest, dass durch Massage am Körper die Verdauungsgeräusche in Darmbereichen stärker wurden, in denen es vorher Blockaden gab. Sie nannte das Phänomen *Psychoperistaltik,* da im Darm Verdauungsgeräusche wie bei der »normalen Verdauung« entstanden. Dadurch wurde ein scheinbar unbewusster Prozess der seelischen Verdauung in Gang gesetzt, der zu einer bewussten Veränderung der eigenen Sichtweise führte, die wiederum ihren Klienten die Problembewältigung erleichterte. Ihre Methode nannte sie *Biodynamische Körperarbeit.*

31 https://www.gehirnforschung.at/project/die-darm-gehirn-achse/. Das enge Zusammenspiel zwischen Psyche, Hormon- und Immunsystem wird von den noch neuen Fachgebieten der Psychoneuroimmunologie und der Psychoneuroendokrinologie erforscht.

Gehirn zum Darm absteigend, können wir, so der Tübinger Psychologe Paul Enck, mit einer entsprechend vielseitigen, gesunden und ausgewogenen Ernährung psychischen Problemen entgegenwirken und uns regelrecht *glücklich essen.*[32]

Darmbakterien können unser Verhalten auf vielerlei Weise bedingen. Sie funktionieren, so Mark Lyte vom Pharmazie-Department der Texas University in Lubbock, wie ein eigenständiges Organ. Sie können uns verzagter oder mutiger machen. Pflanzt man zum Beispiel *ängstlichen* Mäusen die Darmbakterien von mutigeren Artgenossen ein, werden diese bedeutend furchtloser.[33] Weniger angenehm ist die Vorstellung, dass Bakterien unser Verhalten auch so beeinflussen können, dass wir es nicht mehr steuern können. Das Tollwut-Virus zum Beispiel manipuliert die Gehirne von Hunden und Füchsen so, dass diese ihre Furcht verlieren und besonders beißwütig werden. Dadurch sichert sich das Virus seine Übertragung auf andere Wirte. Beim Menschen führt es zu Halluzinationen, Verwirrtheit und Aggressivität und in den meisten Fällen zum Tod.

Ein weiteres Beispiel für durch Mikroben hervorgerufene Verhaltensveränderungen ist die Infektion mit dem Überträger der Toxoplasmose. Joanne Webster, Professorin für Parasitenkunde am *Royal Veterinary College London,* hat in Versuchen mit Ratten festgestellt, dass infizierte Tiere sich entgegen ihrem normalen Verhalten plötzlich von dem Geruch von Katzenurin angezogen fühlen und sich in entsprechend riskante Situationen begeben. Die

---

32 In einer Untersuchung bekamen zum Beispiel Probanden täglich *Lactobacillus casei* ins Essen und konnten dadurch ihre Angstzustände deutlich reduzieren. Dazu auch: https://compassioner.com/allgemein/iss-dich-gluecklich-die-rolle-der-ernaehrung-bei-stress-depression-und-burnout/

33 *Gastroenterology:* Bercik et al., 2011

Erreger vermehren sich ausschließlich in der Darmflora von Katzen. Diese haben nun ein leichtes Spiel, und der Parasit kommt genau da an, wo er hinwollte. Auch beim Menschen kann eine Infektion mit *Toxoplasma gondii* zu riskantem Verhalten bis hin zum Suizid führen. Tatsächlich wurden bei der Autopsie von in Unfälle oder Selbstmorde verwickelten Menschen auffällig häufig die Erreger der Toxoplasmose gefunden. Damit stellen uns die Mikroben vor die unbequeme Frage, wer eigentlich letztlich Herr im Haus ist: sie oder wir?

Wir bieten den Mikroorganismen Kost und Logis, sie helfen uns bei der Verwertung unserer Nahrung, der Optimierung unseres Stoffwechsels und schützen uns vor Erregern, die nichts in unserem Organismus zu suchen haben. Die Lebensgemeinschaft würde nicht funktionieren, wenn nicht alle Beteiligten etwas von ihr hätten. Während man früher annahm, dass Mikroben wie mehr oder weniger zufällig entstehende Schwärme zusammenleben, deren einzige Aufgabe es ist, sich zu vermehren, weiß man heute, dass sie sich in den meisten Fällen organisieren. Fast alle Mikroorganismen weisen eine Art staatenbildendes Verhalten auf. Damit die Gemeinschaft funktionieren kann, kommunizieren sie miteinander. Über Signalmoleküle senden und empfangen sie Informationen nicht nur von Artgenossen, sondern auch von den Eukaryoten – von mehrzelligen Lebewesen, deren Zellen einen Kern haben – und damit auch von uns. Alle Lebewesen – ob Mikrobe oder Mensch – tauschen sich unaufhörlich miteinander aus. Über Kommunikationsvorgänge regeln die Mikroorganismen Übergänge von Aktivitäts- zu Ruhephasen, von Am-Ort-Bleiben und Ausschwärmen, die Synthese von Enzymen, die Bildung von Biofilmen oder den Austausch von Genen. Die Verständigung läuft über

Düfte, Lichtquanten und elektromagnetische Felder.[34] *Shewanella*-Bakterien zum Beispiel kommunizieren über Elektronen. Lange vor uns haben sie die Elektrizität erfunden.

Die Mikrobensprache galt bis vor Kurzem noch als exotisches Feld für eine Handvoll Biologen. Dass sich heute eine breitere Öffentlichkeit dafür interessiert, geht entscheidend auf die amerikanische Biologin Bonnie Bassler zurück.[35] Sie war maßgeblich an der Erforschung des *Quorum sensing* beteiligt, die Fähigkeit von Einzellern, über chemische Kommunikation die Zelldichte einer Population messen zu können. Diese erlaubt es den Zellen, bestimmte Gene nur dann zu aktivieren, wenn eine bestimmte Zelldichte über- oder unterschritten ist. Bassler macht diese Vorgänge am Beispiel der Tintenfische besiedelnden Leuchtbakterien *Vibrio fischeri* deutlich. Wenn eine Mindestzahl, das *quorum*, überschritten ist, beginnen alle zu leuchten. So wird den Meeresbakterien unkoordiniertes, energieraubendes und wirkungsloses Einzelgeflacker erspart.

Doch Mikroben sind nicht nur dazu in der Lage, Informationen zu empfangen und weiterzugeben. Sie können ebenfalls ihre Kompetenzen weitervermitteln und neue erlernen. Sobald sie sich etwas Neues angeeignet haben, speichern sie die Information auf sogenannten Plasmiden und können sie bei Bedarf jederzeit wieder abrufen, um sie der Gemeinschaft zur Verfügung zu stellen. So passen sie sich unaufhörlich den jeweiligen Anforderungen ihrer Umgebung an. Auf subtile Weise arbeiten sie zusammen und wirken daran mit, bestmögliche Lebens- und Fortpflanzungsbedingungen für alle Beteiligten zu schaffen.

---

34 Kirsten Jung: *Die Kommunikation von Bakterien:* http://publikationen.badw.de/043897833.11_Jung_(Die_Kommunikation_von_Bakterien).pdf)

35 *Bacterial speeking,* Bonnie Bassler: http://www.cell.com/cell/fulltext/S0092-8674(06)00433-8

Ein Beispiel für dieses fein aufeinander abgestimmte Zusammenwirken ist die Aktivität der Bakterie *Wolbachia.* Wenn man im Herbst zwischen Apfelbäumen spazieren geht, kann man beobachten, dass es zwischen den vielen gelben und orangen immer noch ein paar grüne Blätter gibt. Das liegt nicht etwa an einem unregelmäßigen Welkprozess der Blätter der Pflanze, sondern an einem Nachtfalter, dessen Raupen in den Blättern von Apfelbäumen leben. Fast alle dieser Raupen sind Träger von *Wolbachia.* Die Bakterie setzt Hormone frei, die die Blätter daran hindern, sich zu verfärben und zu sterben, was den Raupen genug Zeit gibt, auszuwachsen, bevor der Winter kommt.

So liegt allem Lebendigen eine Intelligenz zugrunde, die stets darauf ausgerichtet ist, dass das Gesamte bestmöglich funktioniert. Die einen bieten den anderen Nahrung und bekommen dafür von den anderen als Gegenleistung Schutz. Im Laufe der Zeit hat sich ein immerwährender Prozess des Gebens und Nehmens entwickelt, von dem alle etwas haben. Das Bedürfnis, sich mit anderen Lebewesen zu verbinden, findet sich auch in der von dem Evolutionsbiologen Edward O. Wilson entwickelten Biophilia-Hypothese.[36] Der Begriff wurde vom Philosophen Erich Fromm geprägt: »Die Biophilie ist die leidenschaftliche Liebe zum Leben und allem Lebendigen; sie ist der Wunsch, das Wachstum zu fördern, ob es sich nun um einen Menschen, ein Tier, eine Pflanze, eine Idee oder eine soziale Gruppe handelt.«[37]

Mit der Entdeckung des komplexen Zusammenwirkens alles Lebendigen steht die Mikrobenforschung heute erst ganz am An-

---

36 Edward O. Wilson: *Biophilia,* Harvard University Press 1990

37 Erich Fromm: *Anatomie der menschlichen Destruktivität.* Rowohlt Verlag, 2015, S. 411ff

fang. Unser Mikrobiom ist, so der Ernährungsmediziner Stefan Bischoff von der Universität Hohenheim, »wie eine große, spannende Blackbox. Wir wissen recht gut, welche Bakteriensorten im Darm leben, aber wir verstehen noch lange nicht alle ihre Funktionen. Und wir wissen auch nur ansatzweise, wie sie interagieren. Klar ist, dass die Zusammensetzung bei manchen Krankheiten verändert ist. Doch in den meisten Fällen wissen wir nicht, ob es die Ursache für die Erkrankung oder deren Folge ist.« [38] Die aktuelle Forschung ist demnach noch weit davon entfernt, die Prozesse, an denen Mikroorganismen beteiligt sind, auch nur im Ansatz aufgeschlüsselt zu haben. Wir wissen nicht einmal, wie viele Mikrobenarten es in und auf uns Menschen gibt, geschweige denn insgesamt. Allein was die Bakterien angeht, variieren die Schätzungen zwischen 500 und 100 000 verschiedenen Arten. Etwa 80 Prozent der die Darmflora konstituierenden Arten sind noch überhaupt nicht erfasst. [39]

Angesichts unserer gigantischen Unkenntnis hat man im Jahr 2007 damit begonnen, eine Art Bakterienatlas zu entwickeln. Seit 2008 versucht das *Human Microbiote Project,* ein Großprojekt des amerikanischen Gesundheitsministeriums, sämtliche mit dem Menschen verbundene Mikroorganismen zu identifizieren und zu charakterisieren. So wird versucht, das kleine Leben unter Kontrolle zu bringen. Die Ärztin Anne Katharina Zschocke bezweifelt jedoch den Sinn und die Machbarkeit eines solchen Projekts. Für sie sind Mikroben »kurzzeitige Anordnungen elementarer Lebensprozesse, /…/ die durch fortwährenden Austausch mit der Umgebung unentwegt Form und Funktion wechseln können, ein Strom, der

38 https://www.spiegel.de/gesundheit/ernaehrung/probiotika-fuer-den-darm-gesunde-brauchen-keine-nahrungsergaenzungsmittel-a-1225788.html #ref=nl-dertag

39 https://www.nature.com/articles/s41586-019-0965-1

sich durch alle Lebewelten zieht und dessen Wellen Bugwellen in Wasser gleichen, die stets ihre Form behalten, obschon sie kontinuierlich von wechselnder Materie durchflossen werden.«[40]

Mikroben sind keine kleinen Einzelwesen, die man nur aufzusammeln braucht, um sie zu untersuchen. Viele lassen sich überhaupt nicht einzeln kultivieren, da sie andere Bakterien zum Leben brauchen und nur in bestimmten Kolonien auftreten. Dieser Lebensstrom lässt sich nicht durch Auseinandernehmen und Analysieren begreifen, sondern nur in seiner Betrachtung als Ganzes. Predrag Slijepcevic von der *Brunel University London* vergleicht das Netzwerk der Mikroorganismen, das alles Lebendige durchzieht, mit einer Art *World Wide Web,* worüber wir letztlich alle miteinander in Kontakt stehen. In einer gemeinsamen Biosphäre ist alles miteinander verbunden. In diesem feinen Netz der Beziehungen bedingt das Einzelne das Gesamte und das Gesamte das Einzelne. Demnach müsste unser Handeln stets dahingehend orientiert sein, mit den Mikroorganismen bestmöglich zusammenzuarbeiten, sie sozusagen als Partner anzunehmen und entsprechend zu unterstützen, damit sie ihre Arbeit auch in unserem Interesse weiterführen können.

Doch genau das tun wir nicht. Die neuen Entdeckungen im Bereich der Mikrobenforschung mögen überraschen, erstaunen und begeistern. Unsere Medizin mag beginnen, Mikroben für neuartige Heilmethoden einzusetzen und mit ihnen lebendige Medikamente zu erfinden. Doch am Prinzip ihrer Herangehensweise an unsere Gesundheit hat sich nicht wirklich etwas geändert: Wenn es um Krankheit geht, dann ziehen wir heute mehr denn je gegen das kleine Leben, von dem unsere Existenz abhängt, in den Krieg.

---

40 Katharina Zschocke: *Die erstaunlichen Kräfte der Effektiven Mikroorganismen.* Knaur MensSana 2017

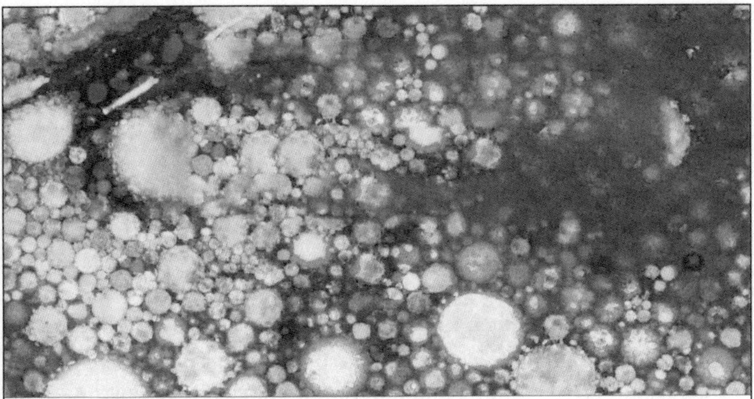

GEGEN DAS LEBEN

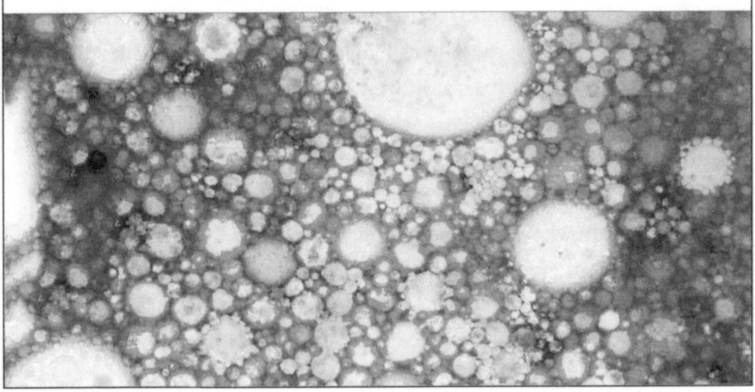

Krankheit beginnt in dem Moment, in dem wir eine innere Störung mit einer äußeren Ursache erklären.

Samuel Hahnemann

Den meisten Menschen sind Mikroben vor allem als Krankheitserreger bekannt: *Staphylococcus aureus, Salmonella* und Co. bedrohen unsere Gesundheit und unser Leben. Bakterien, Pilze und Viren haben ihre Finger mit im Spiel bei Krankheiten wie Borreliose, Malaria, Tetanus, Polio, Hirnhautentzündung, Hepatitis, Gelbfieber, Röteln, Tollwut, Aids, Ebola, Vogelgrippe, Schweinegrippe, SARS, COVID-19. Mehr als 350 neue Infektionskrankheiten haben sich allein in den letzten 60 Jahren entwickelt.

Kaum war es uns vor 200 Jahren gelungen, die lieben Kleinen zu identifizieren, sind wir auch schon gegen sie in die Schlacht gezogen: Wir verschanzen uns, schrubben an uns herum, desinfizieren unsere Körper und unsere Umgebung, meist ohne darüber nachzudenken, was wir den Mikroorganismen und uns selbst damit antun. Keimfrei ist gut, glauben wir. Wir kaufen, wo *antibakteriell* draufsteht, töten massenweise unliebsames Leben auf unseren Feldern und in unseren Gärten, essen und trinken Ultrahocherhitztes, mit Chemikalien Versetztes, in Plastik Abgepacktes und mit radioaktiver Strahlung haltbar Gemachtes. Trotz aller Warnungen nehmen wir Antibiotika in großen Mengen zu uns und lassen uns impfen, wenn der Winter vor der Tür steht, ohne uns groß Gedanken darüber zu machen, welchen Sinn es überhaupt macht. Die Auseinandersetzung mit dem Coronavirus macht es deutlich: Wenn es um unsere Gesundheit geht, bleiben Mikroben unsere Feinde. Doch wo wir sie ausgerottet glaubten, entstehen neue Kolonien. Der Strom des kleinen Lebens scheint sich nicht aufhalten zu lassen. So sind wir heute weit davon entfernt, die Mikroben auch nur annähernd im Griff zu haben. Dennoch bleibt unsere Strategie der Angriff. Koste es, was es wolle.

Zerlegte Körper

Mikroben dienten uns lange Zeit als billige, leicht zu beschaffende und manipulierbare Objekte für Forschungsprojekte, an denen sich die Probleme der Biologie abarbeiten ließen. An ihnen wurde erforscht, wie unsere Gene organisiert und reguliert werden. Dank ihnen gelang es um die Jahrtausendwende, das menschliche Genom zu entschlüsseln. Doch wenn es heute um Krankheiten geht, an denen Mikroben beteiligt sind, stehen wir mit ihnen auf Kriegsfuß. Da sie, wie die aktuelle Forschung zeigt, an absolut allen Lebensprozessen beteiligt sind, trifft man sie natürlich auch bei allen Krankheiten an. Wir suchen uns dann ein paar von ihnen heraus, entreißen sie ihrem natürlichen Zusammenhang, schicken sie isoliert zur Untersuchung ins Labor, bekommen standardisierte Diagnosen zurück und geben ihnen dann die Schuld dafür, dass wir krank geworden sind.

Bei dieser Vorgehensweise haben wir nur das Detail vor Augen, nicht das Gesamte. Wir haben, wie es uns an dem Zustand unserer Welt heute immer deutlicher vor Augen geführt wird, insgesamt den Überblick verloren. Während es für jede kleinste Sache einen Spezialisten gibt, geht es dem Gesamtorganismus immer schlechter. Im Laufe der letzten Jahrhunderte haben wir gelernt, die Welt auseinanderzunehmen und in ihre Einzelteile zu zerlegen, doch von dem, was sie zusammenhält, haben wir keine Ahnung. Entsprechend funktioniert auch unsere

Medizin. Sie basiert auf Erkenntnissen, die sich empirisch nachweisen lassen, und ignoriert alles, was nicht in diese Vorgabe passt.

In einer reduktionistischen, symptomorientierten, vom materialistischen Denken durchdrungenen und dem kapitalistischen System dienenden Medizin geht es in erster Linie darum, Medikamente und Dienstleistungen zu verkaufen. Natürliche Heilansätze, die nicht patentiert werden können und an denen nicht verdient werden kann, interessieren die Pharmaindustrie nicht. So sind energetisches Heilen, Pflanzen, Kräuter und mittlerweile auch die Homöopathie immer weiter ins Abseits gedrängt worden. Es wird nicht danach geforscht, wie das gestörte Gleichgewicht, das jeder Erkrankung zugrunde liegt, wieder ausgeglichen werden kann.[41] Die natürlichen Selbstheilungskräfte des Organismus zählen nicht. Es geht vor allem um Geld. So will es die Logik unseres neoliberalen, auf Ausbeutung und Unterdrückung basierenden Systems. Entsprechend kümmert sich unsere Medizin nicht um die Ursachen dafür, warum denn ein Organismus überhaupt »aus dem Ruder läuft«, sondern ausschließlich um die Symptome. Sie sucht Probleme, keine dauerhaften Lösungen – denn daran würde ja niemand verdienen. Die Angreifertheorie gefährlicher Mikroben und bösartiger Zellen eignet sich hervorragend dafür, diese Maschinerie in Gang zu halten.

Diese Pille ist nicht leicht zu schlucken. Doch wir müssen in dieses Dickicht hineinleuchten, wenn wir den Umgang unserer Medizin mit Mikroben verstehen wollen. Unsere Wissenschaft hat sich immer mehr darauf konzentriert, die Ursachen und Lösungen für

---

41 Dazu Chavent, Kerstin: *Die Waffen niederlegen. Die Botschaften der Krebszellen verstehen*, Scorpio 2019

unsere Probleme im Außen zu suchen. Während in einem gott- und sinnlosen Universum die Dinge aus Zufall geschehen, wurde der Mensch zunehmend zu einer seelenlosen Maschine, in der die einzelnen Teile beliebig austauschbar sind. Aus jeglichem Zusammenhang gerissen kam uns mit der Verantwortung für unser Leben auch die Macht über uns selbst abhanden.

Andere kümmern sich um uns. Nicht mehr unsere Körper sind es, die aus sich heraus heilen, unterstützt von Maßnahmen, die eine natürliche, ganzheitliche und das Lebendige respektierende Medizin begleitend anbieten kann. Wir vertrauen unser Leben und das Leben unserer Lieben Spezialisten an, von denen wir glauben wollen, dass sie es gut mit uns meinen. Nicht mehr Kräuter, heilende Handgriffe und Ruhe werden uns verabreicht, sondern chemische Substanzen, chirurgische Eingriffe und Technik. Die Frage, was wir selbst zur Lösung unseres Problems beitragen können, wird in den wenigen Minuten, die eine Sprechstunde üblicherweise dauert, meist nicht angeschnitten.

Über Ernährung – anerkanntermaßen eine der wichtigsten Säulen unserer Gesundheit – wird in der Regel nicht gesprochen. Sie kommt im Medizinstudium so gut wie gar nicht mehr vor. So kennen sich die meisten Ärzte heute in Ernährungsfragen schlichtweg nicht mehr aus.[42] Obwohl auch die Mikrobenforschung hinlänglich deutlich macht, dass nahezu alle gesundheitlichen Störungen mit unserer Ernährung zusammenhängen, und obwohl wir heute wissen, dass eine einseitige und industrielle Ernährung zu den ersten Todesursachen zählt, legt unsere Medizin wenig Wert auf Aufklärung. Unsere Gesetze regeln nicht ausreichend die Kommerzialisierung krank machender Substanzen und Lebensmittel. Schwermetalle, Pestizide und eine

42 https://www.aerzteblatt.de/archiv/73243

unaufhaltsame Verschmutzung unseres Lebensraumes werden nicht verboten.[43]

Besserung ist nicht in Sicht. Den meisten von uns ist nicht klar, was sie sich selbst und ihren Körpern damit antun, immer wieder auf Drogen und Medikamente zurückzugreifen, die Symptome lindern sollen, die sich mit einer ausgeglichenen und natürlichen Ernährung, ausreichend Bewegung und einem guten Verhältnis zu sich selbst und zum Leben durchweg vermeiden ließen. Durch unsere Weigerung hinzusehen haben wir es alle zusammen ermöglicht, dass sich eine Art Notfallmedizin etabliert, die einige wenige bereichert und die meisten krank macht. Hausärzte, denen die Lebensumstände ihrer Patienten bekannt sind, gibt es heute so gut wie nicht mehr. Auf dem Land gehen die Arztpraxen reihenweise ein, und die Bundesärztekammer ist dabei, das Fernbehandlungsverbot zu lockern: Beratungen und Behandlungen sind mittlerweile auch ausschließlich online möglich. Anstatt eines direkten, persönlichen Kontaktes mit einem heilkundigen Menschen gibt es Telemedizin und unpersönliche Kontakte mit allen möglichen Experten, die die anonymen Körper in ihre kleinsten Einzelteile zerlegen, ohne jemals danach zu fragen, welches Wesen in ihnen lebt.

---

43 Während weltweit etwa 7 Millionen Menschen jährlich an Tabakkonsum sterben, fielen nach einer groß angelegten internationalen Studie im Jahr 2016 etwa 10 Millionen Menschen schlechten Essgewohnheiten zum Opfer: *The global Burdon of Desease* 2016: http://thelancet.com/gbd. Eine 195 Länder betreffende Studie des *Institute for Health Metrics and Evaluation* vom Oktober 2017 ist noch alarmierender: Jeder fünfte Todesfall sei auf zu wenig Verzehr von Obst und Gemüse, Nüssen, Fisch und Vollkorngetreide zurückzuführen. Wir bezahlen Fertiggerichte, Fast Food, sprudelnde Süßgetränke und nussige Brotaufstriche schließlich mit unserem Leben. Kein Gesetz schützt uns davor. Wie bei Tabak liegt alle Macht bei den Herstellern, mit dem Unterschied, dass bei Lebensmitteln nicht auf der Verpackung vermerkt werden muss, dass sie töten können.

Alle medizinischen Vorgänge sind darauf ausgerichtet, dem Behandelnden alle Macht zu geben und dem Patienten keine. Und so wollen wir es ja auch. Wir laufen wegen jeder Kleinigkeit zum Notarzt und lassen alles Mögliche mit uns anstellen. Je länger die Rezeptliste ist, desto ernstgenommener fühlen wir uns in unserem Leiden. Es kostet ja auch nichts. Die Allgemeinheit zahlt dafür, dass wir die Souveränität über unseren Körper an Fachkräfte abtreten. In nur wenigen Jahrzehnten haben wir uns daran gewöhnt, Krankheit und Tod regelrecht aus unserem Leben auszugliedern, wie die meisten unserer Probleme. Für alles gibt es Spezialeinrichtungen. Bereitwillig überlassen wir die Verantwortung für unsere Gesundheit und unser Leben unserem Arzt oder Apotheker. Zwar sind wir heute über die Lobbyarbeit und die ausufernde Macht der Pharmakonzerne informiert und beklagen die dunklen Seiten unserer Labor- und Gerätemedizin. Doch obwohl regelmäßig Gesundheitsskandale auftreten und wir im Grunde wissen, dass Krankheit ein Geschäft wie jedes andere ist, in dem es in erster Linie um Profitmaximierung geht,[44] ziehen wir in der Regel nicht in Zweifel, dass insgesamt zu unserem Besten gehandelt wird. Es ist eben nur ein »Zuviel des Guten«.

Dank unseres medizinischen Fortschritts fühlen wir uns heute sicher. An dieser Überzeugung möchte niemand gerne kratzen lassen. Wir betrachten uns als geschützt vor den meisten Übeln, die uns noch bis vor Kurzem heimgesucht haben. Alte Infektions- und

---

44 Siehe dazu den Dokumentarfilm von Daniel Harrich *Gefährliche Medikamente – gepanscht, gestreckt, gefälscht.* So leiden letztlich alle – Patienten, Ärzte, Pflegepersonal, Forscher – an den Bedingungen eines Systems, in dem der Profit und nicht der Mensch im Mittelpunkt steht. Karl-Heinz Wehkamp, Vorsitzender der Akademie für Ethik in der Medizin, geht so weit, von einer *Jagd auf potentielle Patienten* zu sprechen. Nach seinen Beobachtungen werden immer wieder Leistungen verabreicht, die nicht nötig sind. Wir werden zu einer Art Geldmaschine degradiert.

Mangelerkrankungen scheinen überwunden. Pocken, Pest und Cholera gibt es für uns so gut wie nicht mehr. Nur in den armen Randgebieten der Erde tauchen sie bisweilen noch auf, wie die Pest in Madagaskar oder die Cholera in Haiti.[45] Unsere alten Leiden wurden jedoch durch neue ersetzt, die es früher nicht oder fast nicht gab: Diabetes, Übergewicht, Depression, Burn-out, chronische Rückenleiden, Darmerkrankungen, Multiple Sklerose, Alzheimer, Parkinson, Krebs.[46] Unsere sich immer weiter verbreitenden Zivilisationskrankheiten haben wir, wie ihr Name sagt, selbst gemacht. Keine von ihnen kann unsere Medizin heilen. Sie kann sie nur behandeln.

Viele glauben, dass wir früher gar nicht alt genug geworden sind, um diese Krankheiten zu entwickeln. Es sind jedoch immer mehr jüngere Menschen und zunehmend auch Kinder betroffen.[47] Doch solange uns unsere Statistiken sagen, dass unsere Lebenser-

---

45 In beiden Ländern herrschen Armut, Hunger und sehr schlechte Hygienebedingungen. Die Menschen haben keinen Zugang zu sauberem Trinkwasser. Ratten transportieren die Erreger von einem zum anderen. Pestererreger gibt es im Übrigen ebenfalls in der New Yorker Metro, ohne dass eine Epidemie ausbricht.

46 Aufgrund der Mumienforschung weiß man heute, dass Krebs, eine der tödlichsten Krankheiten unserer Zeit, so gut wie ausschließlich vom Menschen gemacht ist: *Cancer: an old disease, a new disease or something in between?* in *Nature Reviews,* Oktober 2010. Krebsauslöser sind u.a. Pestizide und andere chemische Verbindungen, Pharmazieprodukte, Lebensmittelverarbeitung und Fertignahrung, Verpackungen, Funknetze und elektromagnetischer Wellensalat, Strahlenbelastung durch medizinische Diagnostik, Übergewicht, Stress, ungesunde Schlafgewohnheiten und zu wenig Sonnenlicht.

47 Studien belegen, dass beispielsweise Krebserkrankungen bei Kindern und Jugendlichen geradezu explodieren: *Geographical patterns and time trends of cancer incidence and survival among children and adolescents in Europe since the 1970s* (the ACCIS project): an epidemiological study http://thelancet.com/journals/lancet/article/PIIS0140-6736%2804%2917550-8/abstract *Cancer Cases In Children Leap By 40% In 16 Years:* http://news.sky.com/story/cancer-cases-in-children-up-by-40-10564534

wartung insgesamt steigt, werden wir den Glauben an den sogenannten Fortschritt nicht infrage stellen. Beweisen die Zahlen denn nicht, was wir alles der modernen Technologie und Medizin zu verdanken haben? An dieser Überzeugung wird nicht gerüttelt. Wer es dennoch tut, der zieht sich schnell Unverständnis, Spott oder Wut zu. Es ist ja vor allem der Glaube an Wissenschaft und Technik, auf dem unsere Hoffnung ruht, dass wir unsere Probleme in den Griff bekommen. Wenn nicht der Fortschritt, wer sollte uns dann retten?

Und so wähnen wir uns, wenn wir die Regeln befolgen, die uns unsere Autoritäten vorgeben, in relativer Sicherheit. Schließlich ist unsere Lebenserwartung laut Statistik in den letzten Jahrzehnten deutlich gestiegen. In Deutschland wurden in den 50er-Jahren Männer noch im Durchschnitt 64,6 und Frauen 68,5 Jahre alt. 2015 lag die durchschnittliche Lebenserwartung von Männern bereits bei 78,4 und von Frauen bei 83,4, und für 2060 kalkulieren die Statistiker fast 85 Jahre für Männer und 90 für Frauen. Es scheint, als würden wir dank unserer Erfindungen die Natur austricksen und uns immer langlebiger machen. Fast könnte man meinen, als seien unsere Körper dank der Medizin in ein paar Jahrzehnten in gewisser Weise »besser« geworden.

Doch ob wir unsere Langlebigkeit dem medizinischen Fortschritt zu verdanken haben, wie weithin angenommen wird, ist zweifelhaft. Es waren vor allem die verbesserten Hygiene- und Lebensbedingungen und der damit einhergehende Rückgang der Kinder- und Müttersterblichkeit, die die Langlebigkeitskurve in die Höhe schnellen ließen. Hinzu kommt, dass es seit über 70 Jahren keinen Krieg auf unserem Territorium gibt. Alt zu werden ist zudem kein Privileg unserer Zivilisation. Auch wenn heute viele der über 80-Jährigen in den industrialisierten Ländern statistisch gesehen gute Chancen haben, 100 zu werden, so leben die ältesten

Menschen auf unserem Planeten in den abgelegenen Gebieten des Himalaja oder der Anden – ganz ohne Technik und moderne medizinische Versorgung. Und auch in der Antike wurden viele Römer und Griechen über 80 Jahre alt. Doch hält sich weithin die Meinung, dass es eben vor allem unser medizinischer und technischer Fortschritt sei, der unser Leben verlängert.

Viele von uns haben einen geradezu unerschütterlichen Glauben in die wissenschaftlichen Errungenschaften. Dank ihnen sind wir heute dazu in der Lage, unsere Körper genetisch zu verändern und unser Leben künstlich zu verlängern. Dabei sind die Bedingungen nicht immer die, die wir uns für uns und unsere Angehörigen wünschen. Laut dem Welt-Alzheimer-Report sind heute etwa 47 Millionen Menschen in der Welt dement. Viele von uns dämmern in ihren letzten Lebensjahren und -jahrzehnten abhängig von Medikamenten und Maschinen in relativer Bewusstlosigkeit dahin. Aus Angst vor dieser Aussicht verbringen wir einen beachtlichen Teil unseres längeren Lebens damit, uns entweder über das Altwerden zu beklagen oder uns davor zu fürchten. Alle wollen möglichst lange leben, doch älter werden will keiner. Da mutet es fast beruhigend an, dass es inzwischen Studien gibt, die belegen, dass unsere Lebenserwartung seit einiger Zeit wieder sinkt. In den USA geht sie bereits seit 2010 jährlich um 2,6 Monate zurück. Auch in Frankreich ist sie rückläufig, und in Chinas Norden ist sie in den letzten 20 Jahren sogar um fünf Jahre zurückgegangen.

Lebensretter in Not

Allen Widrigkeiten zum Trotz bauen wir unser Welt- und Menschenbild auf einen unerschütterlichen Glauben an den Fortschritt auf. Mögen um uns herum Widersprüche und Kritik laut werden:

Unsere Wissenschaft hat das letzte Wort – eine Wissenschaft, die das Ganze in seine Einzelteile zerlegt und das Lebendige seiner Essenz beraubt hat, die die künstliche über die natürliche Intelligenz stellt und die die Menschheit in eine von Algorithmen gesteuerte Datenüberwachung führt. Ihre Methode besteht darin, vom Einfachen zum Komplexen voranzuschreiten. Das Leben wird mit Konkurrenzkampf und die menschliche Psyche mit dem Sexualtrieb erklärt. Liebe ist nicht mehr als ein biochemischer Vorgang und Poesie eine Aneinanderreihung von Buchstaben.

»Die naturwissenschaftliche Methodik«, so schreibt Hauke Ritz in seinem Aufsatz *Technologie der unfreien Welt* »versucht, die Phänomene zu verstehen, indem man sie in ihre einzelnen Komponenten zerlegt, um dann rückwirkend ihr Zusammenwirken zu verstehen. Die Gegenposition zu diesem Vorgehen lautet, dass das Ganze mehr ist als seine Einzelkomponenten. Dass also jede Gestalt eine eigene Wirklichkeit besitzt, die durch die Zergliederung in Einzelelemente gerade nicht erkannt, sondern nur zerstört werden kann.«[48]

Hiervon ist unsere Wissenschaft weit entfernt. Das Konzept der evidenzbasierten Medizin beruht auf der Forderung nach empirisch nachweisbarer Wirksamkeit für jeden medizinischen Akt. Alle Maßnahmen, die mit der Logik dieses Ansatzes nicht oder noch nicht begründet werden können, werden als unwissenschaftlich abgelehnt und als Scharlatanerie verfolgt. Wegbereiter dieser Medizin waren unter anderem die Begründer der modernen Bakteriologie und Mikrobiologie: Robert Koch (1843–1910) und Louis Pasteur (1822–1895). Auf sie geht unsere heutige Labormedizin zurück. Mit dem erstmalig massenhaften Einsatz von Tierversu-

---

48 https://kenfm.de/technologie-der-unfreien-welt-teil-1-der-quellcode-von-hauke-ritz/

chen haben sie das Fundament für empirisch nachweisbare Wirksamkeit gelegt.

Vor allem aber zeichnen sich beide dafür aus, die Weichen für unseren Umgang mit Mikroben gestellt zu haben. Unermüdlich machten Koch und Pasteur Jagd auf Keime. Kaum hatte man das *kleine Leben* entdeckt, wurde es zerlegt und unerbittlich verfolgt. Bakterien gehörten ausgemerzt. Um ihrer Herr zu werden, musste die Abwehr gestärkt werden, und wenn die Invasion erst begonnen hatte, wurde bombardiert. Ganz im Sinne der großen Kriege, deren Vorahnung schon das Schaffen dieser beiden Wissenschaftler zu streifen schien, mussten die Heerscharen der Feinde erbarmungslos zurückgedrängt werden.

Wenn Kriege zumindest auf europäischem Boden weitestgehend verschwunden sind, spielen sich die Kämpfe heute in unseren Körpern ab. Je schwerer die Krankheit, desto schärfer die Munition. Einer unserer wichtigsten und größten Lebensretter heißt Antibiotika: *gegen das Leben.*[49] Ihnen verdanken wir es, dass wir viele Infektionskrankheiten heute nicht mehr fürchten müssen und uns beruhigt auf den Operationstisch legen können. 1928 wurde das Penicillin von Alexander Fleming entdeckt und erstmals während des Zweiten Weltkrieges für die verwundeten Soldaten eingesetzt. Die von Verletzungen und chirurgischen Eingriffen herbeigeführten Wundinfektionen führten nun nicht mehr

---

49 Antibiotika sind ursprünglich natürliche, von Pilzen und Bakterien gebildete Stoffwechselprodukte, die schon in geringer Konzentration das Wachstum anderer Mikroorganismen hemmen oder diese abtöten können. Natürliche antibiotische Wirkstoffe sind beispielsweise in Kurkuma, Knoblauch, Zwiebeln, Oreganoöl, Echinacin, Apfelessig und Meerrettich enthalten. Zwischen 1930 und 1962 entdeckte man etwa 20 Arten natürlicher Antibiotika, seit 1987 jedoch keine mehr. Inzwischen werden sie auch teil- oder vollsynthetisch hergestellt und gentechnisch gewonnen. Bis heute weiß man jedoch nicht genau, warum diese Substanzen funktionieren.

automatisch zum Tod, und der Arbeit der Chirurgen stand fortan nichts mehr im Wege. Man konnte beginnen, ungehindert in den Körper einzugreifen.

Heute gehören Antibiotika in unseren Alltag. Sie werden massiv und weitläufig eingesetzt, obwohl es so gut wie keine Untersuchungen zu den langfristigen Auswirkungen gibt und bereits seit den 30er-Jahren – also nur wenige Jahre nach ihrer Entdeckung – immer mehr Patienten Antibiotikaresistenzen entwickeln. Dazu kommt, dass Antibiotika durchaus nicht harmlos sind. 2016 erschien eine Studie der *Harvard Medical School,* die besagt, dass sie bei älteren Menschen zu psychischen Störungen wie Halluzinationen und Gedächtnisverlust führen können.[50] Damit liegt auch der Verdacht nahe, dass sie am Entstehen von Alzheimer und Parkinson beteiligt sind. Vor allem bei Kindern hat sich gezeigt, dass Antibiotika das sensible Immunsystem stark durcheinanderbringen und damit das Risiko für Darmentzündungen, Übergewicht und Asthma erhöhen. Antibiotika können ebenfalls das Gehirn in seiner Entwicklung beeinträchtigen. Außer Zweifel steht auch, dass bei Antibiotikaeinnahme die Darmflora mehr oder weniger stark in Mitleidenschaft gezogen wird. Denn natürlich werden nicht nur die »bösen« Bakterien getötet, sondern auch alle anderen. Bis zu einem Jahr kann es dauern, bis sich die Darmflora eines erwachsenen Menschen wieder von einer Antibiotikabehandlung erholt hat. Da die Zusammenhänge zwischen einer gesunden, vielfältigen und gut funktionierenden Darmflora und dem allgemeinen Wohlbefinden inzwischen hinreichend be-

50 Von 391 Testpersonen zeigte die Hälfte psychische Störungen nach einer Antibiotikabehandlung: https://www.aan.com/PressRoom/Home/PressRelease/1433

kannt sind, ist es nicht schwer, sich vorzustellen, dass unsere Lebensretter auf der anderen Seite auch eine Menge Unheil anrichten können.

Trotz dieses Wissens sind Antibiotika heute nicht nur ein fester Bestandteil unserer Medizin, sondern auch unserer Ernährung. Da sie massiv in der Tiermast eingesetzt werden, kommen sie mit der Wurst, die wir so gerne essen, jeden Tag auf unseren Tisch.[51] Und auch dann, wenn wir kein Fleisch essen: Antibiotika sind inzwischen überall. Über die Gülle, die zum Düngen benutzt wird, gelangen sie in den Boden, in unser Grundwasser und in unser Obst und Gemüse. Geschätzt zehntausend Tonnen Antibiotika werden pro Jahr an Schweine, Kühe und Hühner verfüttert. Nicht nur, weil die Tiere immer empfindlicher werden und die entsetzlichen Aufzuchtbedingungen, denen sie in ihrem kurzen Leben ausgesetzt sind, sonst gar nicht ertragen würden. Antibiotika fördern maßgeblich die Gewichtszunahme und sind daher ein in Europa zwar eigentlich nicht erlaubtes, aber doch geduldetes und häufig eingesetztes Wachstumsmittel.

Ihr ständiger Gebrauch macht sich inzwischen auch beim Menschen dadurch bemerkbar, dass wir immer mehr Gewichtsprobleme haben.[52] Denn was die Gewichtszunahme bei Tieren erhöht, wirkt sich natürlich auch auf die aus, die diese Tiere verspei-

---

51 Ein in Deutschland aufgezogenes Schwein bekommt in den acht Monaten seines Lebens drei Mal Antibiotika, ob es krank ist oder nicht. Laut WHO werden 80 Prozent der Antibiotika in Deutschland in Ställen verabreicht. In einer neuen Richtlinie fordert die UNO Landwirte und Industrie auf, die routinemäßige Antibiotikagabe weitestgehend zu stoppen. Ein Mangel an wirksamen Antibiotika sei eine ähnlich große Gefahr wie der plötzliche Ausbruch einer tödlichen Krankheit, so WHO-Direktor Tedros Adhanom Ghebreyesus.

52 Hanno Charisius, Richard Friebe: *Bund fürs Leben. Warum Bakterien unsere Freunde sind.* DTV 2017. Kapitel *Antibiotika – Eine ökologische Katastrophe*, S. 89 ff.

sen. Es kommt eben nicht nur darauf an, welche Mengen wir essen, sondern auch darauf, welche Qualität unsere Nahrung hat. Doch zunehmendes Übergewicht ist nur einer der Preise, die wir für unseren hohen Fleischverzehr zahlen. Die übermäßige Einnahme von Antibiotika führt vor allem dazu, dass heute immer mehr Menschen Resistenzen entwickeln.[53] Es passiert immer wieder, dass durch zufällige Veränderungen im Erbgut bestimmte pathogene Bakterien gegen Antibiotika immun werden. Bis diese Bakterien auf ein Antibiotikum treffen, sind sie in der Minderheit. Doch während alle anderen Bakterien bei Antibiotikaeinnahme absterben, überleben nur sie. Wenn das öfter passiert, dann wird aus den Ausnahmebakterien die Regel.

Im Laufe der Zeit haben es die Bakterien gelernt, Resistenzen gegen alle 26 bisher entdeckten Antibiotika zu entwickeln. Die sich ständig und blitzschnell an veränderte Umstände anpassenden Mikroben reagieren mit verschiedenen Strategien auf Angriffe. Manche blocken ab und lassen die Antibiotika nicht mehr hinein, manche zersetzen sie, wenn sie schon im Inneren sind, und machen sie dadurch wirkungslos. Andere wiederum treiben sie über spezielle Pumpen heraus, bevor sie Schaden anrichten, und wieder andere rücken selbst aus, um sie zu vernichten. Manche Bakterien gedeihen inzwischen sogar besonders gut unter Antibiotikagabe. Immer rasanter vermehren sich die resistenten Bakterien. In kürzester Zeit können sie Informationen weitertragen. Während wir

53 Weltweit ist der Antibiotikaverbrauch in den vergangenen 15 Jahren um rund 65 Prozent gestiegen, berichten die Wissenschaftler um Eili Klein vom US-Forschungszentrum *CDDEP (Center for Disease Dynamics, Economics & Policy).* Zwischen 2000 und 2015 wurde der Verbrauch in 76 Ländern untersucht: Der Konsum ist von 21,1 Milliarden definierten Tagesdosen (DDD) im Jahr 2000 auf 34,8 Milliarden definierte Tagesdosen im Jahr 2015 gestiegen: https://www.cddep.org/publications/global-increase-geographic-convergence-antibiotic-consumption-2000-2015/

Menschen unser Erbgut nur von Generation zu Generation weitergeben können, sind Bakterien dazu in der Lage, ihr Erbgut innerhalb einer Generation auszutauschen. So sind sie hervorragend darauf vorbereitet, Störenfriede in ihre Grenzen zu verweisen.

Wir sind es nicht. Es scheint, als bezahlten wir heute die Rechnung für das Wundermittel, das einst so viele Leben gerettet hat. Bereits heute sterben pro Jahr 40 000 Menschen allein in Europa an Antibiotikaresistenz. 700 000 Menschen sind es weltweit. Die Zahl wächst. Die Resistenz bedroht immer mehr Menschenleben und macht Krankenhäuser inzwischen zu hochgefährlichen Brutstätten potenziell tödlicher Bakterien. Forscher warnen, dass Antibiotikaresistenz eine der größten Gefahren für die Menschheit in der jüngeren Geschichte ist. Viele Aspekte der modernen Medizin sind in einer Welt multiresistenter Bakterien nicht mehr möglich. In der Transplantations-Chirurgie zum Beispiel muss während einer Operation das Immunsystem des Patienten unterdrückt werden, damit das neue Organ nicht abgestoßen wird. Das macht den Patienten jedoch anfällig für Infektionen. Auch Standardeingriffe wie Bauch- oder Blinddarmoperationen können zum Problem werden, denn ohne den Schutz von Antibiotika könnten Patienten leicht an Bauchfellentzündung oder anderen Infektionen sterben. Das Risiko medizinischer Eingriffe wäre wieder so groß wie vor der Zeit, als Alexander Fleming 1928 das Penicillin entdeckte.[54]

Als weiteres Problem kommt hinzu, dass sich aufgrund des von den Antibiotika herbeigeführten gestörten Gleichgewichts nicht nur Krankheitserreger ungehindert ausbreiten können. Wir entwickeln zunehmend schwer behandelbare Erkrankungen des

---

54 https://www.freitag.de/autoren/the-guardian/die-antibiotika-apokalypse

Darms, die wiederum das Immunsystem dauerhaft schwächen.[55] So schließt sich ein Teufelskreis und enttarnt einen Fortschritt, der keiner mehr ist. Ohnmächtig stehen Forschung und Medizin vor einem Problem, das sie selbst geschaffen haben. Laboren werden Prämien für die Entwicklung neuer Kampfmittel angeboten. Viele stellen inzwischen gar keine Antibiotika mehr her. Es lohnt sich für sie nicht, denn die Bakterien passen sich dermaßen schnell an, dass ein Mittel, kaum dass es auf dem Markt ist, auch schon wieder überholt und wirkungslos ist.

Die Weltgesundheitsorganisation schlägt Alarm. Sie warnt, dass wir vor einer der größten Bedrohungen unserer Gesundheit überhaupt stehen. Im Herbst 2017 erklärte sie die Antibiotikaresistenz zu einer Notsituation, die droht, uns vollkommen zu entgleiten und zur ersten Todesursache in der Welt zu werden. Jim O'Neill von der eigens diesem Problem gewidmeten Organisation *Review on Antimicrobial Resistance* fürchtet, dass bis 2050 weltweit 100 Millionen Menschen an Antibiotikaresistenz sterben werden.[56] *Staphylococcus aureus, Clostridium difficile, Salmonella Typhi* und *Shigella* sind die Namen der potenziellen Massenmörder. Eine aus China stammende Bakterienart, die selbst gegen *Colistin,* das aggressive und hochtoxische Superantibiotikum der letzten Chance, resistent ist, breitet sich bereits heute rasant in der Welt aus. Niemand ist sicher. Die Antibiotikaresistenz kann jeden von uns, in jedem Land und in jedem Alter tödlich treffen. Mikroben reisen in Windeseile um die Welt und verteilen sich überall dort, wo sie ein günstiges Terrain finden.

---

55 Faber et coll.: *Host-mediated sugar oxydation promotes post-antibiotic pathogen expansion.* Nature (30 June 2016 ; 534 : 697–699.)

56 https://amr-review.org

Mit der wachsenden Antibiotikaresistenz wankt eine der bedeutendsten Säulen der modernen Medizin. Denn was wird sich in den Arztpraxen, Krankenhäusern und Kliniken abspielen, wenn nur noch wie früher in ganz bestimmten und seltenen Fällen operiert werden kann? Wie macht man Patienten Therapien schmackhaft, die dem Immunsystem massiv schaden und hochempfindlich machen für die gefürchteten Erreger? Wie könnte sich das lukrative Geschäft der modernen Krebstherapie halten? Wer wird unter diesen Umständen noch Chemotherapie und radioaktive Bestrahlung über sich ergehen lassen?

Während eine Säule bröckelt, wird eifrig an einer anderen gebaut. Vielerorts entflammt zurzeit eine lebhafte und kontroverse Diskussion zum Thema Impfen. Seit COVID-19 entfacht sie zum Flächenbrand. Da die Wirkung der Antibiotika abnimmt, soll nun alles darangesetzt werden, potenzielle Gefahren im Keim zu ersticken. Obwohl in Deutschland Impfen bisher eine freiwillige Entscheidung war und es gesetzlich verankert ist, dass Zwangsimpfung Körperverletzung ist [57], wird inzwischen geplant, per Gesetz durchzudrücken, die Menschen zum Impfen zu zwingen. [58]

Pünktlich zum weltweiten Lockdown führte Deutschland Anfang März 2020 eine Impflicht für Masern ein, obwohl es nachweislich weder einen ständigen Anstieg der Masernzahlen noch

57 Paragraf 223 des StGB

58 In Frankreich ist Impfen gegen Diphtherie, Tetanus und Polio seit Langem Pflicht. Seit Kurzem werden auf dem Markt jedoch die Impfstoffe gegen DTP nur noch in Verbindung mit acht (!) anderen Impfungen angeboten, darunter Masern, Mumps und Röteln. Niemand, auch nicht die Anbieter selbst, weiß, wie sich dieser Impfcocktail auf die unausgebildeten und empfindlichen Immunsysteme Neugeborener auswirken wird.

eine diesbezügliche »Impfmüdigkeit« gab.[59] Corona wurde zum willkommenen Anlass, die Menschheit in Impfstimmung zu bringen. Unermüdlich rührt Bill Gates, einer der reichsten Männer der Welt und wichtigster Geldgeber der WHO, die Werbetrommel. Obwohl sich der Mitbegründer der Firma Microsoft in erster Linie mit Computerviren auskennen und über keinerlei medizinische Kenntnisse verfügen dürfte, spricht er in öffentlichen Medien davon, sieben Milliarden Menschen gegen COVID-19 zu impfen.[60] Die immer heftiger werdenden Auseinandersetzungen zwischen Befürwortern und Kritikern zeigen, dass es hier um weit mehr geht als nur um das Impfen. Es geht um unsere Zukunft als Menschheit. Zur Diskussion stehen eine grundsätzliche Haltung dem Lebendigen gegenüber und die Frage, was das kleine Leben letztlich tatsächlich für uns ist: Feind oder Freund?

Die Jagd ist eröffnet

Einem System, das wirtschaftliche Interessen zur obersten Priorität erhoben hat, ist es von Nutzen, die zunehmend angezweifelte Erregertheorie und die Vorstellung von Mikroben als Auslöser von Krankheiten aufrechtzuerhalten. Es hat kein Interesse daran, dass die Menschen beginnen, das Terrain zu pflegen und damit das Auftreten von Krankheiten und Störungen von vornherein zu vermeiden. Der Umgang mit dem Coronavirus zeigt deutlich, dass im Vordergrund abstrakte Fallzahlen stehen – und nicht konkrete Möglichkeiten zur Stärkung des Immunsystems. Anstatt aufzuklä-

59 https://www.impf-info.de/die-impfentscheidung/die-diskussion-über-die-impfpflicht/279-faktencheck-masern-und-masernimpfung-nach-bundesländern.html

60 Auszug aus der *Tagesschau* im April 2020: https://www.youtube.com/watch?v=083VjebhzgI.

ren und klare Ansagen zu machen, werden Unsicherheit und Angst geschürt.

Zu viele verdienen an dem Glauben der Menschen, dass die Ursachen und damit auch die Lösungen für unsere Probleme von außen kommen und entsprechend konsumierbar sind. Es wird nicht darüber debattiert, dass Louis Pasteur, einer der Erfinder der Erregertheorie, bereits auf seinem Totenbett gestand, dass er immer wieder Forschungsergebnisse zu seinen Gunsten gefälscht und für seine Theorie gelogen und betrogen hatte:[61] Zum Schluss stimmte er der These seines Widersachers Antoine Béchamp zu: *Die Mikrobe ist nichts. Das Terrain ist alles.*[62]

Im Gegensatz zu Pasteur blieb Robert Koch bis zu seinem Tod bei seinen Überzeugungen. Schuld an unseren Krankheiten sei die Mikrobe, die vernichtet werden muss. Der Nachwelt ist weniger im Gedächtnis geblieben, dass Kochs Gegenspieler Max von Pettenkofer in einem mutigen öffentlichen Selbstversuch eine Kultur Cholerabakterien geschluckt hatte, um zu beweisen, dass eine Krankheit sich nicht auf die einfache Definition Wirt + Erreger = Krankheit reduzieren lässt. Pettenkofer infizierte sich nicht und bestätigte so seine These. Doch Koch blieb selbst dann noch auf seinem Podest, als sich sein angebliches Mittel gegen Tuberkulose als Betrug herausstellte. Er war in jeder Hinsicht ein Kämpfer und schreckte nicht davor zurück, seine Überzeugungen mit allen Mitteln durchzudrücken. Seine Desinfektionskolonnen zogen durch alle deutschen Städte, und bei seinen Exkursionen in Afrika ließ er streng bewachte Konzentrationslager errichten, in denen Einhei-

61 Es wurde zum Beispiel verschwiegen, dass der angeblich tollwütige Hund, der den kleinen Joseph Meister biss, auch noch fünf andere Personen gebissen hatte, die keinerlei Anzeichen von Tollwut zeigten.

62 Die Aussage *Le microbe n'est rien. Le terrain est tout* geht auf Claude Bernard zurück und wurde von Antoine Béchamp weiterentwickelt.

mische mit schweren toxischen Mitteln zwangsbehandelt wurden. Alles wurde darangesetzt, dem kleinen Leben den Garaus zu machen. Krankheiten jedoch hat Koch, ebenso wie Pasteur, zeit seines Lebens nicht geheilt. Als schließlich ein Impfstoff gegen Tuberkulose gefunden wurde, war die Krankheit bereits von allein um 90 Prozent zurückgegangen. Die sozialen und hygienischen Bedingungen hatten sich inzwischen entschieden verbessert: Viele Sümpfe waren stillgelegt worden, die Menschen hatten Zugang zu sauberem Trinkwasser, Kanalisationssysteme waren angelegt worden, und der Unrat schwamm nicht mehr auf den Straßen herum.

Rudolf Virchow hatte die Zusammenhänge zwischen Gesundheit, Schulbildung und Arbeitsbedingungen erkannt, und das große Verdienst von Ignaz Semmelweis war es, dass sich die Ärzte nach einer Obduktion die Hände wuschen und nicht mehr mit blutverkrusteten Kitteln zur Geburtshilfe schritten. Schlagartig ging die Kinder- und Müttersterblichkeit um zwei Drittel zurück, und Semmelweis wurde entlassen. Auch schmutzige weiße Kittel haben es nicht gern, wenn man sie eines Besseren belehrt.

Es ist vor allem unsere Lebensweise, die darüber entscheidet, ob wir krank werden oder nicht. Die Pest, eine der schlimmsten Infektionskrankheiten der Menschheitsgeschichte, trat in Indien unter den Anhängern der auf Hygiene und gesunde Ernährung bedachten Religionsgemeinschaften der Jains und Sikhs nie auf. Heute wird nicht gegen die Pest geimpft, weil klar ist, dass sie durch gute Hygiene und Lebensbedingungen einfach vermieden werden kann.

Die erste Krankheit, gegen die es eine Impfung gab, waren die Pocken. »Bereits Mitte des 19. Jahrhunderts«, so schreibt der Gesundheitsexperte Christian Dittrich-Opitz, »wurden in Deutschland und Frankreich viele Kinder und alle Soldaten gegen Pocken geimpft. Doch 1871 stieg die Zahl der Pockentoten auf deutschem

Gebiet plötzlich von 6000 pro Jahr auf 85 000. Im Deutsch-Französischen Krieg von 1870–71 wurden französische Kriegsgefangene in Deutschland unter entsetzlichen Bedingungen mit katastrophaler Hygiene und Mangelernährung in Lagern gehalten. Die Zunahme der Pockentoten ging fast ausschließlich auf die dramatische Zahl der Pockenfälle in diesen Lagern zurück, obwohl wie gesagt, alle diese Soldaten geimpft waren. Nachdem die Kriegsgefangenen in ihre Heimat zurückkehren durften, sank die Zahl der Pockentoten wieder unter das Niveau vor dem Krieg.«[63]

Doch obwohl es in der Geschichte etliche Beispiele dafür gibt, die beweisen, dass die Lebensbedingungen und nicht bösartige Mikroben die Verursacher von Krankheiten sind, hält sich bis heute die Vorstellung, dass Impfen uns eine bessere Gesundheit und ein längeres Leben beschert. Impfen erscheint uns sauber, sicher und zuverlässig. Wer weiß schon, dass Impfstoffe vor allem aus abgetriebenen menschlichen Föten, Affennieren, Bindegewebszellen von Hühnern, Gehirnen von Kaninchen und anderen wenig appetitlichen, aus tierischen Geweben gewonnenen Substanzen bestehen. Sie sollen den Körper dazu anregen, sich gegen sich selbst zu richten. Um die Stressreaktion zu verstärken, werden den Impfstoffen Gifte wie Arsen oder Quecksilber beigemengt. So bildet der Organismus Antikörper gegen die entsprechenden Erreger, die ihn vor einer späteren Infektion schützen sollen.

Um Nebenwirkungen zu ermitteln, werden Impfstoffe an jungen und gesunden Erwachsenen ohne aktuelle Erkrankungen getestet. Dabei werden immer nur einzelne Impfstoffe verabreicht. Die Cocktails von Mehrfach-Impfungen hingegen, die man empfindlichen Säuglingen verabreicht, werden an niemandem auspro-

---

63 https://christian-dittrich-opitz.de/2020/02/09/christian-opitz-sind-impfungen-sinnvoll/

biert. Es gibt ebenfalls keine Langzeitstudien über die Nebenwirkungen von Impfungen, die viele Jahre später auftreten können.

Impfexperten sprechen dann von Wirksamkeit, wenn im Blut des Geimpften die Antikörper-Titer ansteigen. Damit ein Impfstoff zugelassen wird, reicht dieser Wert in der Regel aus. Er besagt jedoch nur, dass ein Körper Kontakt mit dem Erreger hatte. Es gibt keine Studien, die belegen, dass Menschen mit hohen Antikörper-Titern gesünder sind als Menschen ohne Titer, oder darüber, dass Impfen die Immunität steigert oder die Lebenserwartung verlängert. Es gibt ebenfalls keine placebokontrollierten Doppelblindstudien, also keine vergleichenden Nachweise darüber, was passiert, wenn man nicht impft. Kurz: Es gibt keine wissenschaftliche Grundlage für die Wirkung von Impfstoffen!

Die *Deutsche Arbeitsgemeinschaft für unabhängige Impfaufklärung* fordert daher nachdrücklich fundierte wissenschaftliche Untersuchungen, Beweise für eine echte Risiko-Nutzen-Abwägung von Impfstoffen, Studien zu Langzeitwirkungen, mehr Datentransparenz und Herstellerunabhängigkeit.[64] Demnach basiert die Wirksamkeit von Impfstoffen vor allem auf Vermutungen. Während nicht ins schulmedizinische Konzept passende Behandlungsmethoden aufgrund angeblicher mangelnder Wissenschaftlichkeit diskreditiert und ausgegrenzt werden, schwimmt eines der Flaggschiffe der modernen Medizin auf den undurchsichtigen Gewässern unerwiesener Glaubensvorstellungen.[65]

---

64 http://www.dagia.org/de

65 Auffällig ist, dass auch die moderne Krebsbehandlung vor allem auf Hoffnung basiert. Niemand kann versprechen, dass die Krankheit geheilt wird. Da Krebs heute als Todesursache Nummer 1 die Herz-Kreislauf-Erkrankungen abgelöst hat, wird offensichtlich, dass diese Art von Wissenschaftlichkeit nicht von Erfolg gekrönt ist.

Große Unklarheit herrscht auch bei den Nebenwirkungen der verabreichten Impfungen. Im Falle, dass die Wirksamkeit eines Impfstoffes tatsächlich wissenschaftlich nachgewiesen ist, müsste der Nutzen der Impfung gegen die Risiken der eventuellen Nebenwirkungen abgewogen werden. Hierzu schreibt das Paul-Ehrlich-Institut als zuständige Zulassungsbehörde im *Bundesgesundheitsblatt:* »Da die Untererfassung der Meldungen von Impfkomplikationen nicht bekannt oder abzuschätzen ist und keine Daten zu verabreichten Impfungen als Nenner vorliegen, kann keine Aussage über die Häufigkeit bestimmter unerwünschter Reaktionen gemacht werden.«[66]

Es herrscht also insgesamt wenig Transparenz beim Thema Impfen. Was die eine Seite behauptet, wird auf der anderen widerlegt. Orientiert man sich jedoch an den Fakten, so der Münchner Kinderarzt Steffen Rabe, dann stellt sich heraus, dass es sich bei vielen Behauptungen der Impfbefürworter in Wirklichkeit um Fake News handelt.[67] Weltweit kritisieren Mediziner, Forscher, Juristen und Betroffene, dass der Bevölkerung der Nutzen von Impfungen nur eingeredet wird. Zahlreiche Untersuchungen stellen die Vorteile des Impfens und die Forschungsmethoden infrage.[68] Es wird an der Objektivität von Studien gezweifelt, in denen die Wirkstoffe von jenen getestet werden, die sie verkaufen wollen. Als Sponsor kontrolliert die Pharmaindustrie zudem einen großen Teil der Fachpresse. Forscher, die unabhängig zum Thema Impfen recher-

66 Bundesgesundheitsblatt 12/2004, Seite 1161

67 https://www.impf-info.de/die-impfentscheidung/die-diskussion-über-die-impfpflicht/272-die-trumpisierung-der-impfdiskussion.html

68 https://price-pottenger.org/article_topic/vaccines/, https://www.individuelle-impfentscheidung.de,
https://impfentscheid-muenchen.de

chieren können, gibt es inzwischen in der ganzen Welt kaum noch. So bleibt viel Raum für Unklarheiten. In ihm hält sich trotz aller Widersprüchlichkeiten weiter die Annahme, dass Impfen uns vor allem Vorteile bringt. Doch beim genaueren Hinsehen entpuppt sich das als Irrglauben. Massenimpfungen beginnen in der Regel erst dann, wenn die Sterberaten schon seit Jahren oder Jahrzehnten zurückgehen.[69] Die Pest ist nach jahrhundertelangem Wüten von alleine verschwunden. Diphtherie, Keuchhusten und Röteln waren bereits zu 90 Prozent zurückgegangen, als die Impfung eingeführt wurde, und Pocken verschwanden überhaupt erst, als die Massenimpfungen eingestellt wurden.

Kein Impfstoff ist zu 100 Prozent wirksam. Meistens wird gespritzt. Dieses Verfahren kann nicht die gleichen Prozesse aktivieren wie Erreger, die auf natürlichen Wegen über Atem, Haut und Schleimhäute in den Körper gelangen, und bietet auch aus diesem Grund keinen vollständigen Schutz. Darauf wies die WHO bereits im Jahr 1950 in Bezug auf die Masernimpfung hin. Bei einer Masernepidemie in Kanada hatte sich herausgestellt, dass 85 Prozent der Erkrankten als Kinder geimpft worden waren.[70]

Bezüglich des Nutzens von Impfungen gibt es jede Menge Zündstoff, an dem sich die Gemüter erhitzen. Beide Seiten, Impfkritiker und Impfbefürworter, schieben sich gegenseitig den Vorwurf der Verantwortungslosigkeit zu. Grundsätzlich gibt es zwei Möglichkeiten: Entweder ein Impfstoff wirkt – dann können sich

69 Impfreport Nummer 80 und 81

70 In ähnlicher Weise kam es um die Jahrtausendwende in der Schweiz zu einer Mumpsepidemie. Von den 15 000 erkrankten Kindern waren 75 Prozent vorschriftsmäßig zwei Mal geimpft. Man stellte fest, dass es keine Unterschiede im Krankheitsverlauf bei den Geimpften und den Ungeimpften gab. Die Impfung hat nicht vor der Krankheit geschützt, sondern auch nicht vor Komplikationen: Anita Petek in *Querdenken-TV:* http://quer-denken.tv/83-krank-durch-impfen/

Geimpfte auch nicht bei Ungeimpften anstecken. Oder er wirkt nicht – dann erübrigt sich die Debatte. Doch obwohl klar ist, dass Impfen keinen hundertprozentigen Schutz bieten kann und dass Erkrankungen und Epidemien durch Impfen nicht zuverlässig verhindert werden können, wird die Welt mit Zwangsimpfungen und der Androhung empfindlicher Strafen unter Druck gesetzt. Es wird versucht, den Menschen die Entscheidungshoheit über ihre Körper und ihr Leben zu nehmen.[71] Doch viele erkennen nicht die Wichtigkeit ihrer persönlichen Entscheidung. Es handelt sich ja nur um einen kleinen Pikser und ist ganz schnell vorbei. Den meisten ist nicht bewusst, welche Gefahren Impfen bergen kann.

Gefährliche Machtspiele

Mikrobe + Impfstoff = Gesundheit – es sieht ganz leicht aus. Doch so einfach, wie diese Gleichung scheint, ist sie nicht. Denn es ist den Herstellern bis heute nicht klar, ob und wie die von ihnen fabrizierten Impfstoffe tatsächlich wirken. Es ist jedes Mal ein Spiel mit dem Zufall. Dieses Spiel birgt Gefahren. Schließlich werden hier nicht nur tote, sondern auch lebendige Substanzen manipuliert, von denen man nicht mit Gewissheit vorhersehen kann, wie sie sich verhalten werden. Dazu kommt die Gefahr, dass sich im Labor pathogene Bakterien einschleichen und einen Impfstoff zu einer gefährlichen Bombe machen können.

Immer wieder geht etwas daneben, wie beim sogenannten *Cutter Incident:* 1955 wurden in Amerika 200 000 Kinder gegen Poliomyelitis geimpft, von denen anschließend 40 000 an dem Leiden

71 Zur Erinnerung: Zwangsbehandlungen wurden in den Nürnberger Prozessen scharf verurteilt und verboten: https://www.naturalnews.com/2018-11-13-california-forced-vaccinations-a-blatant-violation-of-the-nuremberg-code.html

erkrankten, das verhindert werden sollte.[72] In Indien sind heute eine halbe Million Kinder mit Kinderlähmung infiziert – aufgrund des dort verabreichten Polio-Impfstoffes![73] Während des Zweiten Weltkrieges wurden amerikanische und englische Soldaten gegen Gelbfieber geimpft, was bei 28 000 von ihnen Hepatitis B auslöste, darunter Winston Churchill. 2011 deckte die amerikanische Biochemikerin und Molekularbiologin Judy Mikovits auf, dass mindestens 30 Prozent unserer Impfstoffe mit Gammaretroviren kontaminiert sind, die unter anderem zu Autismus, Narkolepsie, Parkinson und Alzheimer führen können.[74] Immer wieder fordern Impfungen Opfer, die verschwiegen werden, wie auch die zehn Menschen, die im Januar 2020 in Italien nach einer Grippeimpfung verstarben.[75]

Mit dem, was wir heute über Mikroben und über das Zusammenspiel des Lebendigen wissen, müssten die Menschen, die sich auf ihren Verstand und auf Wissenschaftlichkeit berufen, kritischer werden und auch grundsätzliche Fragen zulassen. Doch viele tun das nicht. Immer wieder wird die Annahme *Impfen ist gut für die Gesundheit* wie ein Dogma verteidigt. Über Impfen wird nicht diskutiert, so die ehemalige französische Gesundheitsministerin Marisol Touraine, Vertreterin eines Landes, das sich als Wiege der Menschenrechte und des rationalen Denkens bezeichnet. Respektvolle Diskussionen über das Thema, in denen es um den Austausch

---

72 https://www.ncbi.nlm.nih.gov/pmc/articles/PMC1383764/

73 https://www.greenmedinfo.com/blog/491000-children-paralyzed-over-17-years-indian-polio-vaccine-program-study-sugges?fbclid=IwAR0Rhk-cg6vHiFVJbAjxsyA3MFWxCQHiAaBPw8DWBr31PhPOY2vpzhsBAE3I

74 https://vaccineimpact.com/tag/dr-judy-mikovits

75 https://www.zentrum-der-gesundheit.de/grippeimpfung-todesfaelle-ia.html?fbclid=IwAR22QmQ9PhaOTorDhqZwikpgagUm0QlIJDpk9s-M6xtSsPGLfAWZaRXxVowE

von Argumenten geht, sind oft nicht möglich. Die Auseinandersetzungen sind aggressiv und unsachlich. Die von staatlicher Seite vorgetragene Kritik an Impfkritikern erinnert immer mehr an mittelalterliche Hexenprozesse, an denen die Aufklärung spurlos vorbeigegangen zu sein scheint.

Bei genauerer Betrachtung jedoch muss sich jeder kritische Mensch die Frage gefallen lassen, ob es letztlich nicht die Geimpften sind, die zur Gefahr für Ungeimpfte werden.[76] Denn geimpfte Kinder können sich nicht mehr anstecken und so einen lebenslangen Immunitätsschutz aufbauen. Mütter können ihre Antikörper nicht mehr an ihre Neugeborenen weitergeben, wenn sie selbst als Kinder geimpft worden sind. Die daraus entstehenden Risiken sind beachtlich: Da zum Beispiel eine Masernimpfung erst mit 12 Monaten erfolgt, sind die Kinder ihr ganzes erstes Lebensjahr lang ohne jeglichen Schutz. Bei Ansteckung drohen ihnen schwerste Gehirnerkrankungen, die zu mehr als 95 Prozent tödlich verlaufen.

Ob für oder gegen Impfen – in jedem Fall müssen wir uns damit beschäftigen, was wir unseren Kindern und den folgenden Generationen antun, wenn wir sie nicht die das Immunsystem stabilisierenden Kinderkrankheiten durchleben lassen. Welchen Sinn machen beispielsweise eine Tetanusimpfung oder die Impfung gegen Hepatitis B bei Säuglingen, einen Erreger, der sich nur über sexuellen Kontakt verbreitet? Was muten wir den Neugeborenen zu, deren Immunsystem noch gar nicht voll ausgebildet ist, wenn wir ihnen ab dem zweiten Lebensmonat Chemiecocktails verab-

---

76 In einem offenen Brief bestätigt die Immunforscherin Tetyana Obukhanych von der *Rockefeller University New York*, dass ungeimpfte Kinder absolut kein Risiko für geimpfte Kinder sind: https://childrenshealthdefense.org/wp-content/uploads/Harvard-Immunologist-to-Legislators-Unvaccinated-Children-Pose-ZERO-Risk-to-Anyone.pdf

reichen, von denen nicht einmal die Hersteller wissen, was sie in den empfindlichen kleinen Körpern anrichten können? Wie reagieren die kleinen Körper auf die in den Impfstoffen enthaltenen Schwermetalle und Giftstoffe?[77]

Es gibt zunehmend Hinweise auf Zusammenhänge zwischen Impfen und Autismus, Sprachverzögerungen und ADHS.[78] Impfungen provozieren Entzündungen im Organismus und können zu latenten Infektionen führen, die niemals enden. Sie werden inzwischen auch für genetische Veränderungen verantwortlich gemacht, die degenerative Erkrankungen und Krebs auslösen können. In keinem Fall ist Impfen harmlos. Schwangere, die sich gegen Grippe impfen lassen, riskieren eine Autismuserkrankung ihres Kindes.[79] In den USA, wo die Säuglinge bis zu 30 Impfungen erhalten, leidet heute ein Kind von 68 Kindern an Autismus, bei den Jungen sogar einer von 42. In den 70er-Jahren waren es noch ein oder zwei Fälle pro 10 000.

Dem wachsenden Druck der Öffentlichkeit begegnet man mit neuen Gesetzen, die verhindern, dass man Impfhersteller bei Pro-

---

77 Die Auswirkungen der in Impfstoffen enthaltenen Substanzen wie Aluminium und Quecksilber können sich als katastrophal erweisen, wie folgende Studien zeigen: *Modification of neurobehevioral effects of mercury by genetic polymorphisms of metallothionein in children:* https://www.ncbi.nlm.nih.gov/pmc/articles/PMC3795926/, *Risk of narcolepsy in children and young people receiving AS03 adjuvanted pandemic A/H1N1 2009 influenza vaccine: retrospective analysis :* http://www.bmj.com/content/346/bmj.f794, *Recombinant hepatitis B vaccine and the risk of multiple sclerosis:* http://www.direct-ms.org/sites/default/files/HepatitisBVaccineMS.pdf, *›ASIA‹ – Autoimmune/inflammatory syndrome induced by adjuvants:* http://www.sciencedirect.com/science/article/pii/S0896841110000788.

78 http://www.gesundheitlicheaufklaerung.de/adhs-durch-impfungen

79 Nicola P. Klein et al.: *Association Between Influenza Infection and Vaccination During Pregnancy and Risk of Autism Spectrum Disorder; JAMA Pediatr* 2017; 171(1): e163609

blemen verklagen kann.[80] Die Konsequenzen für die heranwachsenden Generationen sind verheerend: Schon heute gibt es in den Vereinigten Staaten mehr kranke als gesunde Menschen unter 18 Jahren. Auch in Europa leiden immer mehr junge Menschen an chronischen Erkrankungen, die sie zu lebenslangen Konsumenten von Arzneimitteln machen. Damit die Bevölkerung trotzdem in Impflaune bleibt, deklarierte die *American Academy of Pediatrics* Stillen kurzerhand für unnatürlich. Es verleite die Mütter dazu, das Impfen kritisch zu sehen.[81]

Auch in Deutschland ist die Berichterstattung zum Thema Impfen alles andere als objektiv. Anstatt das Pro und das Kontra objektiv darzustellen und die Vor- und Nachteile gegeneinander abzuwägen, bringen große Printmedien wie der *Spiegel,* die *Welt,* die *Zeit* oder die *Süddeutsche* reißerische und manipulierende Titel wie »Das Geschäft mit der Aluminium-Angst«, »Das unlösbare Problem mit den Märchen der Impfgegner«, »Wer die Eltern entscheiden lässt, riskiert Menschenleben«, »Masern – nicht impfen: ein tödlicher Irrtum«. Während der Coronakrise haben die führenden Medien immer wieder zur Schau gestellt, wie unsachlich und abhängig ihre Berichterstattung ist. Es wird immer deutlicher: Diese großen Wirtschaftsunternehmen publizieren im Sinne der Interessengemeinschaften, die sie besitzen, und der Werbepartner, die ihre Einnahmen bestimmen.[82]

---

80 Bereits 1988 wurde das *National Childhood Vaccine Injury Compensation Program* beschlossen. Seitdem ist es in den USA nicht mehr möglich, einen Impfstoffhersteller vor Gericht zu bringen.

81 Pediatrics, 2016; Pii: Peds 2015-415: *Breastfeading isn't natural, and it makes moms anti-vaxxers:* https://www.aap.org/en-us/Pages/Default.aspx

82 Um zu erkennen, welches Medium und welche Institution beispielsweise von der Bill-und-Melinda-Gates-Stiftung unterstützt wird, genügt es, unter ›grantees‹ den entsprechenden Namen einzugeben: https://www.gatesfoundation.org/

Einer der Höhepunkte der Verquickung zwischen Wissenschaft und Wirtschaft war die international geführte Kontroverse zum Erscheinen des Films *Vaxxed: Die schockierende Wahrheit.* Der Whistleblower Dr. William Thompson deckte als Insider eine Verschwörung in der amerikanischen Gesundheitsbehörde CDC auf, die einen möglichen Zusammenhang zwischen Mehrfachimpfungen und dem Entstehen von Autismus untersuchte. Um den Verdacht zu vertuschen, hatte die Behörde die Ergebnisse der Studie manipuliert.

Die Folge war das Gegenteil dessen, was man von einem Rechtsstaat erwarten kann: Dem Regie führenden Arzt Andrew Wakefield wurde die ärztliche Zulassung entzogen und der Film, der 2016 auf dem von Robert de Niro organisierten Tribeca Film Festival in New York gezeigt werden sollte, wurde aufgrund heftiger Proteste seitens der Pharmaindustrie wieder aus dem Programm genommen. Der Film erweckte jedoch beim amerikanischen Publikum so viel Interesse, dass die Produzentin Polly Tommey beschloss, im Wohnmobil die Aufführungen zu begleiten und sich mit Eltern, Ärzten und Betroffenen über durch Impfungen erlittene gesundheitliche Folgen auszutauschen. Trotz aller Vertuschungsmaßnahmen zeigt der im Februar 2020 erschienene zweite Teil *Vaxxed 2: Das Ende des Schweigens,*[83] dass die Diskussion lange noch nicht beendet ist.

Auch in Deutschland wurden Kinobetreiber dazu aufgefordert, den Film nicht zu spielen. Wie zu allen brisanten Themen, die das aktuelle System infrage stellen, äußert sich auch die deutschsprachige Monopolenzyklopädie Wikipedia einseitig zu dem Ereignis und macht damit deutlich, wie tief unsere Gesellschaft von wirtschaftlichen Machtinteressen durchzogen ist. Kritikern wird vor-

83 https://www.vaxxed-derfilm.de/images/downloads/Flyer_Vaxxed_2.pdf

geworfen, die Allgemeinheit zu verunsichern. Fragen werden im Keim erstickt. Eltern wissen nicht mehr, wie sie sich entscheiden sollen.[84]

Wer sich für die Hintergründe interessiert, wird als Verschwörungstheoretiker diffamiert, marginalisiert und mundtot gemacht. Mediziner und Forscher, die aus der Reihe tanzen, verlieren ihre Arbeit. Trotz aller Widersprüchlichkeiten, Risiken und fehlender Beweise für den Nutzen hält die moderne Medizin heute mehr denn je am Impfen fest. Schließlich ist das Impfen die einzige angebliche Prophylaxe, die diese Medizin zu bieten hat. Sie greift ansonsten immer erst dann ein, wenn das Kind sozusagen bereits in den Brunnen gefallen ist. Einmal mehr wird klar, dass es hier nicht nur um das Pro und das Kontra bezüglich einer Behandlungsmethode geht, sondern um das Fortbestehen der modernen Industriemedizin – und mit ihr eines ganzen Wirtschaftssystems und schließlich einer ganzen Zivilisation.

Feindbilder

Unser medizinisches Behandlungssystem spiegelt unser Menschenbild. In ihm zeigt sich unser Verhältnis zu uns selbst und zu unserem eigenen Körper. Gemeinhin bedienen wir uns seiner, um möglichst gut darin auszusehen. Wir trainieren ihn, polieren ihn auf und ziehen ihn schön an. Er soll etwas hermachen und uns maximal Vergnügen und Vorteile bringen. Unser Körper ist wie ein Ding, das uns gehört. Mit kritischem Blick beäugen wir unseren Besitz und wollen ihn, soweit es geht, kontrollieren. Wenn er nicht richtig funktioniert, fühlen wir uns von ihm verraten und im

---

84 https://www.rubikon.news/artikel/mundige-eltern

Stich gelassen. Er macht uns ungehalten, ungeduldig, wütend, traurig. Manchmal ekelt er uns an.

Wenn wir krank werden, bekommen wir Angst vor ihm. Wir werden neidisch auf die Körper anderer, die scheinbar besser funktionieren. Unser Körper soll uns mit seinen Problemen in Ruhe lassen. Wir wollen so wenig wie möglich von ihm mitbekommen. Verursacht er uns Beschwerden, muss das Symptom weg, und zwar möglichst schnell. Wir ziehen den Stecker, betäuben, bestrahlen, vergiften und schneiden heraus. Das Problem, das sich hinter dem Symptom verbirgt, wird dadurch freilich nicht gelöst. Es wirkt oft unbemerkt weiter und droht irgendwann chronisch zu werden. So halten wir ein System am Leben, dessen Vorteile uns schließlich zum Nachteil werden: Wir konsumieren medizinische Leistungen, andere verdienen daran. Unsere Probleme werden chronisch, andere verdienen noch mehr daran.

Im Visier stehen immer wieder die Mikroben. Auch Krebs wird inzwischen mit ihnen in Verbindung gebracht. Durch eine Infektion kann die Wachstumskontrolle einer Zelle außer Kraft gesetzt werden – die Voraussetzung für die Entstehung von Tumoren.[85] So weiß man heute, dass es einen Zusammenhang zwischen hu-

---

85 Der Krebs entsteht vor dem Hintergrund einer chronischen Entzündung, bei der es dem Wirt nicht gelingt, den Erreger zu eliminieren. Bei der daraus resultierenden Daueraktivierung des Immunsystems produziert der Körper Zytokine und Chemokine, die Makrophagen und Granulozyten zum Ort der Entzündung dirigieren. Die Immunzellen produzieren Wachstumsfaktoren, die Zellen zur Teilung anregen, und Faktoren, die den programmierten Zelltod (Apoptose) limitieren. Dies schwächt die Kontrolle der Zellproliferation. Eine besondere Rolle spielen die von den Immunzellen produzierten reaktiven Sauerstoffspezies ROS (reactive oxygene species), die Mutationen auslösen können, die die Umwandlung von »normalen Zellen« zu Krebszellen vorantreiben. In: Hanahan, D., Weinberg, R. A., Hallmarks of Cancer: *The next Generation.* Cell 144 (2011) 646–674.

manen Papillomaviren und Gebärmutterhalskrebs gibt.[86] Wir wissen, dass Helicobacter pylori an der Entstehung von Magenkrebs beteiligt ist, bestimmte Herpesviren an der Entstehung von Lymphomen, Haut- und Schleimhauttumoren, Hepatitis-B- und -C-Viren an der Entstehung von Leberkrebs, das Virus Epstein-Barr an Kehlkopfkrebs, das Virus SV40 an Hirntumoren, das Virus HTLV-1 an einer Form von Leukämie, das Herpesvirus HHV-8 an Lymphomen und am Karposi-Sarkom. Daneben gibt es andere Viren und Parasiten, die die Bildung von Tumoren indirekt beeinflussen. Ende 2017 entdeckte das Team von Mathew Meyerson von der Harvard-Universität, dass die Bakterie *Fusobacterium nucleatum* auffällig häufig bei Darmkrebs anzutreffen ist. Ein texanisches Team hatte kurz vorher die Präsenz von *Streptococcus gallolyticus* in Darmtumoren nachgewiesen. Es laufen unter anderem Studien über die Beteiligung von Salmonellen

86 Im Jahr 2008 erhielt Harald zu Hausen den Nobelpreis für diese Entdeckung. Aufgrund seiner Erkenntnisse wurde ein Impfstoff entwickelt, der jedoch zu großer Polemik führte. Nach nur zweijähriger Testphase wurde er zugelassen, obwohl bekannt ist, dass Krebs in der Regel viel länger braucht, um sich zu entwickeln. Die Impfung ist zudem mit gefährlichen Nebenwirkungen belastet und mit Todesfällen verbunden. Zurzeit ermittelt die Staatsanwaltschaft, da der Verdacht besteht, dass der Nobelpreis im Interesse der Impfstoffhersteller gekauft worden ist. Auch hier scheiden sich die Geister. Die *Ärzte Zeitung* bedauert, dass die Kassen seit über zehn Jahren die HPV-Impfung bezahlen, aber nur 30 Prozent der potenziell Betroffenen sie in Anspruch nehmen (https://www.aerztezeitung.de/Politik/Traurige-Bilanz-der-HPV-Impfung-225038.html). Auf der anderen Seite wird der Impfstoff Gardasil mit so vielen schwerwiegenden Nebenwirkungen und Todesfällen in Verbindung gebracht (https://www.zentrum-der-gesundheit.de/gardasil-hpv-ia.html), dass die Judicial Watch Organization auf den Plan trat (https://www.judicialwatch.org/wp-content/uploads/2019/08/JWReportFDAhpvVaccineRecords.pdf). In ihrem Bericht wird u.a. bestätigt, dass die Toxizität des Impfstoffes nicht genug geprüft wurde und er in keinem Fall eine hundertprozentige Wirkung gegen Gebärmutterhalskrebs aufwiese.

am Gallenblasenkarzinom, Mycoplasmen an Prostatakrebs und Chlamydien an Lungenkrebs. Insgesamt sollen etwa 16 Prozent aller Krebsfälle von Infektionen verursacht werden. Das entspräche zwei Millionen Erkrankungen jährlich.[87] Ein lohnendes Forschungsgebiet.

Obwohl der amerikanische Virologe Francis Rous schon 1940 vermutete, dass jeder Organismus maskierte Viren in sich trägt, die harmlos sind, wenn sie nicht durch bestimmte Faktoren aktiviert werden, und obwohl hinlänglich bekannt ist, dass die Entstehung von Krankheiten so komplex ist, dass eine Mikrobe nicht als alleinige Ursache gesehen werden kann, arbeiten viele Labore heute daran, Impfstoffe gegen Krebs zu entwickeln. Kaum eine Krankheit macht uns so viel Angst wie diese. Krebs – das ist die schwarze Königin der heutigen Übel. Nach dem aktuellen Stand des Robert-Koch-Instituts erkranken 51 Prozent der Männer und 43 Prozent der Frauen im Laufe ihres Lebens an Krebs. Krebs ist heute mit den Herz- und Kreislauf-Erkrankungen die häufigste Todesursache in den industrialisierten Ländern.

Um gegen die Invasion der entarteten Zellen anzukämpfen, wird schwerste Artillerie aufgefahren. Die Gifte der Chemotherapie und die radioaktiven Strahlen töten alles. Mit der modernen Krebsbehandlung erreicht unsere distanzierte, befremdete und verantwortungslose Einstellung gegenüber unserem Körper und unserer Gesundheit ihren Höhepunkt. Alle Mittel sind recht, um die bösartigen Zellen zurückzudrängen. Sie erinnern auf seltsame Weise an Methoden, die ihren Ursprung in den großen Kriegen

87 Catherine de Martel, Martyn Plummer, Silvia Franceschi: *Infections causing cancers : world burden and potential for prevention.* Public Health Forum Volume 22, Issue 3, September 2014, Pages 12.e1-12.e4

des letzten Jahrhunderts haben: Die Chemotherapie ist ein Derivat des Senfgases, das in den Grabenkriegen des Ersten Weltkrieges getestet wurde, und das Ausmaß der zerstörerischen Kraft der Radioaktivität wurde 1945 im Angriff auf Japan bestätigt.[88]

Obwohl über die Hälfte der Patienten bereits die ersten fünf Jahre nicht überlebt, wird grundsätzlich nur ein Protokoll für alle angeboten. Chemotherapie, Radiotherapie, chirurgischer Eingriff: vergiften, bestrahlen und amputieren. Lediglich die Zutaten werden individuell verabreicht. Das Rezept wird nicht infrage gestellt. Patienten und Ärzte, die aus dem vorgegebenen Schema auszuscheren versuchen, haben es schwer, wie der 2017 verstorbene Mediziner Ryke Geerd Hamer. Er hatte nach dem gewaltsamen Tod seines Sohnes am eigenen Leib erfahren, dass ein emotionaler Schock Krebs auslösen kann. Per Computertomogramm erkannte er Verbindungen zwischen dem betroffenen Organ und dem diesem Organ entsprechenden Hirnareal. Anhand von 22 000 Fällen bestätigte sich seine Annahme: Krebs hat etwas mit verletzten und unterdrückten Gefühlen zu tun! Seine Entdeckungen reichte er 1982 als Habilitationsschrift an der Universität Tübingen ein. Die Schrift wurde ungeprüft abgewiesen. Hamer rief Justiz und Medien zu Hilfe – und verlor. 1986 bekam er Berufsverbot wegen – man achte auf das Vokabular – »Nicht-Abschwörens der Eisernen Regel des Krebs und sich nicht Bekehrens zur Schulmedizin«.[89]

Bei den Entdeckungen Hamers kommt den Mikroben eine besondere Rolle zu. Bisher hatte man sogenannte *kalte* und *heiße* Krankheiten unterschieden. Bei den *kalten* Krankheiten haben die Pati-

---

88 Mehr dazu in Kerstin Chavent: *Die Waffen niederlegen. Die Botschaften der Krebszellen verstehen.* Scorpio 2019

89 http://neue-krebstherapie.com/ganzheitliche-krebstherapie/

enten Symptome wie kalte Haut und Extremitäten, sie verlieren an Gewicht, haben Schlafstörungen oder sind im Dauerstress. Bei den *heißen* Krankheiten sind die Extremitäten heiß, die Patienten haben Fieber, einen guten Appetit, sind aber meist schlapp und müde. Die Auswertungen von Computertomogrammen des Gehirns führten Hamer zu der Annahme, dass alle Krankheiten zweiphasig verlaufen: in einer *kalten,* konfliktaktiven Phase und anschließend einer *heißen,* konfliktlösenden Phase. Er führte zusammen, was man vorher als getrennt voneinander betrachtete.

Wenn man nun die zweite, heilende Phase durch Unterdrückung der Symptome unterbricht, so beobachtete Hamer, wird die Heilung verlangsamt oder sogar verhindert. Er riet daher, den Prozess durchleben und möglichst die Natur machen zu lassen – ein Affront für eine Wissenschaft, die das Lebendige bis ins Kleinste kontrollieren und im Griff haben will! Bettruhe und Kräutertee trinken also. Unvorstellbar! Daran würde nicht nur niemand verdienen. Hamers Entdeckung widerspricht auf das Entschiedenste einem Denken, in dem der Mensch in jeder Hinsicht die Oberhand über die Natur zu gewinnen sucht. Damit wird klar, warum ihm ein Prozess gemacht wurde, der tatsächlich an Hexenverfolgung erinnert. Dem einst angesehenen und hochbegabten Mediziner wurde die Approbation entzogen, woraufhin er sich verbittert ins norwegische Exil zurückzog.

Seine Forschungserkenntnisse jedoch sind bis heute lebendig und wurden zur Grundlage für eine neue Medizin, in der die Mikroben eine ganz andere Rolle spielen als in der konventionellen Medizin.[90] In dem Modell der Zweiphasigkeit von Krankheiten trifft man sie nur in der *heißen,* also in der heilenden Phase an. Bisher war man davon ausgegangen, dass sie die Krankheiten ver-

90 Björn Eybl: *Die seelischen Ursachen der Krankheiten,* Ibera Verlag 2018

ursacht hatten, da man sie ja auch immer vorgefunden hatte. Doch das ist so, als würde man die Feuerwehr verantwortlich für Brände machen, da man sie ja auch meistens antrifft, wenn es irgendwo brennt. Hamer jedoch sah Mikroben nicht als Auslöser von Krankheiten, sondern sozusagen als Optimierer der Heilungsphase. Sie unterstützen den Körper dabei, Störungen zu beseitigen. Für ihn waren Mikroben keine Angreifer, sondern treue Helfer, die zum Beispiel Tumore ab- und Gewebezerstörungen wiederaufbauen.

Die Erkenntnis, dass Mikroben Tumore abbauen, ist nicht neu. Dies wurde 1992 auch von der *Southwestern Oncology Group* beobachtet. Sie stellte fest, dass Tuberkulose-Bazillen BCG Tumore verkleinern. Die Idee, Krebszellen mithilfe des eigenen Immunsystems aufzulösen, ist sogar mehr als einhundertfünfzig Jahre alt. 1867 hatte der Bonner Chirurg Wilhelm Busch eine krebskranke Frau aufgrund von Bettennot in das leer gewordene Bett eines an Wundrose gestorbenen Patienten gelegt. Kurze Zeit darauf schrumpfte der lebensbedrohliche Tumor im Hals der Frau. Ebenfalls Ende des vorletzten Jahrhunderts entwickelte der amerikanische Arzt William Coley eine Therapie, die darin bestand, Krebspatienten Bakterien der Art *Streptococcus pyogenes* direkt in den Tumor zu injizieren. Sie entwickelten daraufhin hohes Fieber und durch die Wärme bildeten sich die Tumore zurück.[91] Die bekannte amerikanische Mayo-Klinik setzt heute ganz gezielt Viren und Bakterien gegen bestimmte Formen von Krebs ein.

Offensichtlich sind Mikroben auch dann, wenn es um lebensbedrohliche Erkrankungen geht, nicht unsere Feinde. Sicher: Sie

91 D. B. Levine: *The Hospital for the Ruptured and Crippled: William Bradley Coley, Third Surgeon-in-Chief 1925–1933.* In: *HSS J.* 4, 2008, S. 1–9. doi:10.1007/s11420-007-9063-2, PMID 18751855, PMC 2504278

können töten und eine Menge Schaden anrichten. Doch so wie die kranken Krebszellen sind auch Mikroben keine gemeinen, hinterhältigen »Massenmörder«, die es in ihrer Bösartigkeit darauf abgesehen haben, uns zu vernichten. Es gibt Studien, die belegen, dass man ihnen zu Unrecht die Schuld für eine der tödlichsten Epidemien der Menschheitsgeschichte gegeben hat. Die spanische Grippe, die zwischen 1918 und 1920 bis zu 50 Millionen Todesopfer gefordert hat, soll vor allem durch einen Boom in der Gabe von Aspirin ausgelöst worden sein.[92] Wurde auch damals schon versucht, die öffentliche Meinung zu täuschen und die eigentlichen Verantwortlichen zu vertuschen? Zeigen die Reaktionen auf Außenseiter wie Hamer nicht vor allem, wie nahe wir an einer grundsätzlich veränderten Sicht auf Krankheit und dem viel zitierten Paradigmenwechsel sind? Würde man die vom Mainstream abweichenden Forscher so heftig attackieren und so viel Energie darauf verwenden, sie zu diskreditieren, wenn sie einfach nur irgendwelche abgedrehten Spinner wären?

In unserer Geschichte war es immer wieder so, dass das, was sich schließlich als offensichtlich erwies, zunächst lächerlich gemacht und als gefährlich verfolgt wurde. So war es, seit wir entdeckt haben, dass die Erde keine Scheibe ist. Ob es um Sklavenhaltung, Apartheid, das Wahlrecht für Frauen oder technische Erneuerungen ging, grundsätzliche Neuerungen gehen immer wieder denselben Weg: lächerlich, gefährlich, offensichtlich. So, wie wir heute die Menschen belächeln, die einst die Erde für den Mittelpunkt des Universums hielten, so werden wir vielleicht schon in naher Zukunft jene belächeln, die einzelne Keime für unsere Krankheiten verantwortlich gemacht haben.

---

92 https://academic.oup.com/cid/article/49/9/1405/301441

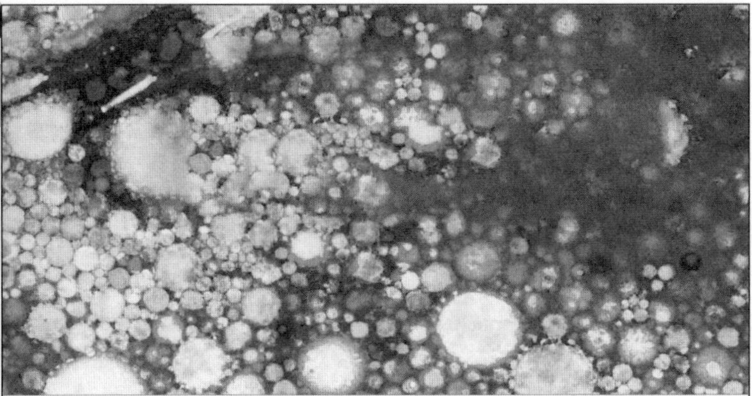

DIE KLEINE REVOLUTION

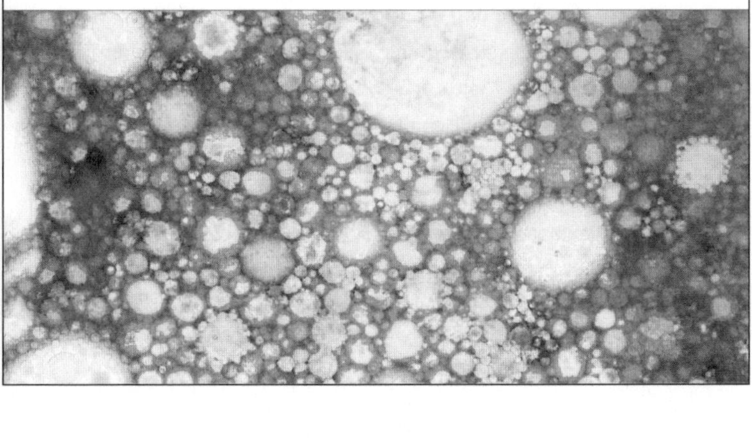

Alles Leben hängt von den Mikroben ab

Paul Snelgrove

Nachdem das kriegerische 20. Jahrhundert von der Vorstellung geprägt war, Mikroben seien Angreifer, die uns krank machen, schafft das 21. Jahrhundert die Grundlagen dafür, Mikroben ins Zentrum unserer Gesundheit zu stellen. Wir haben uns in vielem getäuscht. Wir haben in Einzelteile zerlegt, wo wir in Zusammenhängen hätten denken müssen. Wir haben Vielfalt zerstört, wo wir sie hätten fördern sollen. Wir haben auf Angriff gesetzt, wo Kooperation gebraucht wird. Wir haben eingegriffen, wo wir die natürlichen Prozesse hätten unterstützen sollen. Wir haben die Verantwortung für unsere Körper und unser Leben an andere abgegeben, wo wir sie hätten selbst übernehmen müssen. Wir haben Angst, wo wir vertrauen dürfen. Wir haben vergessen, dass das Lebendige kein Objekt ist, das wir besitzen und dominieren können. Mit diesem Bewusstwerden stehen wir vor einem grundsätzlichen Wandel nicht nur unseres Umgangs mit unserer Gesundheit. Es geht um den Wandel eines gesamten Weltbildes.

Die Unruhen in der heutigen Zeit führen uns vor Augen, dass wir gerade dabei sind, die alten Denkstrukturen und das damit zusammenhängende Gesellschaftsmodell zu überwinden. Es ist eine Zeit der allgemeinen Verunsicherung und des Zweifels, die höchste Anforderungen an uns stellt. Die aktuelle Mikrobenforschung zeigt uns Perspektiven, wie wir aus dem Ungleichgewicht, zu dem wir alle zusammen beigetragen haben, herausfinden können und eine für alle bewohnbare Welt schaffen können.

Entwicklungshelfer

Wir werden heute nicht nur mit der dramatisch voranschreitenden Zerstörung unseres gemeinsamen Lebensraumes und einem immer größer werdenden sozialen Ungleichgewicht konfrontiert, sondern auch mit einer regelrechten Explosion von allen möglichen Gesundheitsstörungen und Krankheiten. Das, was um uns herum geschieht, ist, wie wir immer deutlicher erfahren, nicht von dem zu trennen, was sich in unseren Körpern abspielt. Die Lebensbedingungen, die wir auf unserem Planeten geschaffen haben, wirken sich auf die Gesundheit aller aus. Die Störungen, die heute immer mehr junge Menschen und sogar Neugeborene betreffen, zeugen davon, dass etwas Grundsätzliches nicht stimmt. Es ist, als machten die Prozesse in unseren Körpern uns darauf aufmerksam, dass wir zu weit gegangen sind. Kommt über unsere Krankheiten zum Ausdruck, dass wir dabei sind, in eine falsche Richtung unterwegs zu sein?

Die meisten hören weg, wenn der Körper auf seine Weise mitteilt, dass etwas nicht in Ordnung ist. Wir interpretieren gemeinhin Krankheiten als etwas, was sich gegen uns richtet. Mit allen möglichen Mitteln versuchen wir, sie zu unterdrücken. Dabei verdrängen wir die Idee, dass unsere Gesundheitsstörungen uns vielleicht etwas über unsere Lebensweise sagen und uns daher helfen können, in Zukunft besser auf uns aufzupassen. Natürlich ist uns klar, dass wir Sehstörungen, Kopfschmerzen, verspannte Schultern, Verdauungs- und Gewichtsprobleme bekommen, wenn wir den ganzen Tag regungslos vor einem Bildschirm hocken. Wir wissen, dass Stress, Einsamkeit und industrielle Ernährung auf Dauer krank machen. Doch wenn die Diagnose fällt, dann tun wir uns schwer damit, die Zusammenhänge zu erkennen, und wollen nicht sehen, was die Erkrankung mit uns und unserer Art zu sein zu tun hat.

Das ist bequem, denn so können wir die Verantwortung an andere abgeben. Der Pharmaindustrie, die hinter unserer Medizin steht, ist das nur recht. Sie profitiert von unserer Ohnmacht. Ihr ist daran gelegen, dass wir nicht auf den Gedanken kommen, Herr im eigenen Haus zu sein. Unsere von Feindbildern geprägte und auf Kampf ausgerichtete Medizin interessiert sich nicht dafür, ob das Symptom eine Information für den Erkrankten in sich trägt und einen entsprechenden Nutzen hat. Dass eine unangenehme Sache sich letztlich positiv auf unser Leben auswirken kann, dass wir sie sozusagen brauchen, um uns von etwas zu befreien, was zu schwer geworden ist, wird von kaum einem Patienten in Betracht gezogen.

Viele macht der Gedanke ungehalten und geradezu wütend, dass ihre Lebensweise und ihr Verhalten etwas mit ihrer Erkrankung zu tun haben könnten. Und so halten die meisten von uns weiter an der Vorstellung fest, dass wir Opfer eines Geschehens sind, für das es zwangsläufig einen Schuldigen gibt. Um uns aus unserem Missgeschick zu befreien, brauchen wir bei dieser Sicht auf die Dinge zwangsläufig einen Retter. Er erscheint uns, ganz in Weiß und ausgerüstet mit dem letzten technischen Know-how, um ein Problem zu regeln, das mit ihm nichts zu tun hat.

Opfer-Schuldiger-Retter: Dieses Trio hält ein zerstörerisches System am Laufen, in dem an allen Fronten gekämpft wird. Auch in der Medizin, die unsere Körper immer wieder in Schlachtfelder verwandelt, die ohne Bedenken massiv eingreift und dabei lebensbedrohliche Nebenwirkungen in Kauf nimmt. Die »Guten« ziehen gegen die »Bösen« in den Krieg und hinterlassen nur allzu oft ein verbranntes und vergiftetes Terrain, das viele der Behandelten mit ihrem Leben bezahlen. So haben wir vor lauter Kampf gegen Krankheit vergessen, dass es im Grunde überhaupt nicht der Arzt ist, der uns heilt.[93] Es ist unser Körper. Der Arzt kann das gebrochene Bein schienen – zusammenwachsen müssen die Knochen alleine. Der Arzt kann uns lindernde Mittel verschreiben – die Infektion überwinden muss das Immunsystem alleine. Es ist nicht der Arzt, der das Kind zur Welt bringt, sondern die Frau.

Doch die Natur machen zu lassen und sich vor ihr zu beugen ist in einer Gesellschaft, die alles kontrollieren will, eine schwierige Herausforderung. Überall haben wir die Finger im Spiel. Wir greifen ein, wo wir nur können, und wollen um jeden Preis die Prozesse des Lebens beherrschen. Im frühen 20. Jahrhundert glaubten wir, die Menschheit endgültig von Infektionskrankheiten befreien zu können. In den 1980er-Jahren dachten wir, dass die Entschlüsselung des menschlichen Genoms alle Krankheiten beseitigen würde, doch als das menschliche Genom 2004 entschlüsselt wurde, fand man keine Gen-Therapie zur Behandlung chronischer Krankheiten. Nachdem es den Mikrobenjägern und Genforschern nicht gelungen ist, unsere Krankheiten zu beseitigen, hofft man nun, in der Neurologie den Schlüssel zu Gesundheit und ewigem Leben zu finden.

Wir probieren und manipulieren am Lebendigen herum, was das Zeug hält. Heute können Köpfe verpflanzt werden, Männer können eine Gebärmutter transplantiert bekommen, künstliche Organismen werden geschaffen, ohne dass sich der Fortschritt von dem Gedanken aufhalten lässt, was es bedeutet, wenn tatsächlich eines Tages das Erbgut von Menschen nachgebaut wird und uns Fähigkeiten verliehen werden, die wir natürlicherweise nie entwickeln würden.[94] Weit sind wir nicht mehr davon entfernt. Einer der Hö-

---

93 Dazu auch der Hirnforscher Gerald Hüther: »Keiner kann heilen oder gesundmachen«: https://www.youtube.com/watch?v=SQEq9trlaEk

94 https://www.spiegel.de/wissenschaft/technik/gentechnik-forscher-erschaffen-bakterium-mit-groesstem-kuenstlichem-genom-a-1267592.html #ref=nl-dertag

hepunkte der aktuellen Forschung ist CRISPR/Cas9. Es handelt sich um eine molekularbiologische Methode, mit der die DNA von Menschen gezielt geschnitten und verändert werden kann. Gene können beliebig eingefügt, entfernt oder ausgeschaltet werden.[95] Der 2019 erschienene Dokumentarfilm *Human Nature – die CRISPR-Revolution*[96] lässt den einen das Wasser im Munde zusammenlaufen und jagt den anderen kalte Schauer über den Rücken. Mit dieser bahnbrechenden Entdeckung haben wir die Möglichkeit einer nie da gewesenen Kontrolle über die Bausteine des Lebens. CRISPR befähigt uns dazu, die gesamte Biosphäre umzugestalten, in die Evolution einzugreifen und Menschen nach den Kriterien zu designen, die gerade gefragt sind – ob die Augenfarbe unserer Kinder oder die Produktion menschlicher Kampfmaschinen ohne jegliches Gefühl.

In großen Schritten bewegt sich die Menschheit in entgegengesetzte Richtungen. Während die einen versuchen, sich das Leben untertan zu machen und nach eigenen Vorstellungen neu zu gestalten, entwickeln die anderen ein Bewusstsein für die Zusammenhänge. Sie versuchen, wieder miteinander zu verbinden, was über die Jahrhunderte getrennt worden ist: Materie und Geist, Körper und Seele, Mensch und Natur. Sie engagieren sich dafür, das Lebendige zu respektieren und zu schützen. Dazu gehört auch ein achtsamer Umgang mit dem eigenen Körper, mit Gesundheit und Krankheit. Immer mehr Menschen trauen dem alten Modell nicht mehr. Das Interesse an ganzheitlichen Heilmethoden wächst – und damit die Maßnahmen, die sie diskreditieren und zu unterdrücken versuchen.

---

95 https://www.transgen.de/forschung/2564.crispr-genome-editing-pflanzen.html

96 https://wondercollaborative.org/human-nature-documentary-film/

Im Gegensatz zur Industriemedizin interessieren sich natürlich arbeitende Heilansätze seit jeher dafür, wie Körper und Geist zusammenarbeiten. Die traditionelle chinesische oder die indische Medizin etwa sehen in physischen Störungen vor allem den Ausdruck eines energetischen Ungleichgewichts, das behoben werden kann. Unsere Wissenschaften hingegen haben in den letzten Jahrhunderten das Körperliche vom Geistigen getrennt und sich vor allem für die materielle Dimension des Lebens interessiert. So bleibt dem aufgeklärten, rationalen Denken die energetische Dimension des Lebens weitestgehend verschlossen. Die meisten von uns kommen gar nicht auf die Idee, was sie selbst zu ihrer Gesundheit beitragen können. Sie wissen nicht, über welche Möglichkeiten ihr Körper und jede einzelne seiner Zellen verfügt. So bleibt ihnen die Kraft, die von ihrem eigenen Denken, ihren Absichten und Entscheidungen ausgeht, unzugänglich. Das System versteht es, unsere Neugierde im Keim zu ersticken. Zu groß wäre die Macht, die jedem Einzelnen zukäme, wenn er von den Fähigkeiten Gebrauch machte, die natürlicherweise in ihm stecken. Und so bestaunen wir zwar die Experimente, in denen Menschen allein kraft ihrer Gehirnströme Maschinen lenken können, und kommen dabei nicht auf die Idee, dass wir gar keine Maschinen brauchen, um Prozesse zu steuern und Realitäten zu erschaffen.

Heilansätze am Rande unserer Medizin liefern uns Inspirationen dafür, wie es ist, wenn Körper und Geist als Team zusammenarbeiten. Bereits der deutsche Arzt und Psychoanalytiker Georg Groddeck, ein Zeitgenosse Freuds, hatte den Geist ins Zentrum der Gesundheit gestellt. Er hatte nachgewiesen, dass ein emotionaler Schock gleichzeitig ein bestimmtes Hirnareal und das dem Schock entsprechende Organ betrifft. Diese Erkenntnis, zu der Ende des Jahrhunderts mithilfe der modernen Technologie auch Hamer kam, wird heute im französischsprachigen Raum unter dem Begriff *décodage biologique* weiterentwickelt. Nach dem Prinzip des *biologischen Dekodierens* schlägt der Körper immer das jeweils Beste für eine Situation vor, um das Ganze wieder ins Gleichgewicht zu bringen. Er hat dabei vier Möglichkeiten: Den Rhythmus beschleunigen oder ihn verlangsamen, Masse bilden oder zurückbilden.

An diesem *Langsamer* oder *Schneller, Mehr* oder *Weniger* kann abgelesen werden, aus welcher Richtung ein gesundheitliches Problem kommt: Habe ich ständig das Gefühl, nicht genug zu tun, vielleicht mein Arbeits- und mein Familienleben nicht gut genug miteinander zu verbinden? Plagt mich ein schlechtes Gewissen, weil ich meine Kinder vernachlässige, als Frau oder Mann meine Rolle nicht richtig meistere oder nicht dem entspreche, was meine Familie oder die Gesellschaft von mir erwartet? Werte ich mich ständig selbst ab? Kann ich mich nicht so annehmen, wie ich bin? Liebe ich mich selbst und achte ich meine Wünsche und Bedürfnisse? Vielleicht ist es mir nicht bewusst, wie weit ich mich von dem entfernt habe, was mir Lebensenergie gibt. Den feinen Antennen meines Körpers jedoch entgeht es nicht. Sie nehmen die Botschaft wahr: *Mach mehr! Gib mehr! Sei schneller* – und setzen sie entsprechend um, indem zum Beispiel an einer Stelle mehr Masse gebildet wird. Das kann eine einfache Zyste sein oder auch ein Tumor.

Wo das ungelöste Problem Form annimmt, hängt von unserem Terrain ab. Wie die traditionelle chinesische Medizin ordnet das Prinzip des *biologischen Dekodierens* jedem Organ bestimmte Emotionen zu: Die Leber zum Beispiel steht in Zusammenhang mit Ärger und Wut, die Niere mit der Angst, die Lunge mit Trauer und Sorge, das Herz mit dem Gefühl der Freude. Eine Störung wird sich an der Stelle des Körpers äußern, an der ein Gefühl in gewisser Weise feststeckt. Hier fließt die Energie nicht mehr richtig, etwas ist blockiert. Die Laus, die mir über die Leber gelaufen ist, oder der Streit, der mir an die Nieren geht, findet so im Körperlichen Ausdruck. So bekommt mein Problem eine materielle Form, und ich bekomme die Möglichkeit, mich darum zu kümmern.

Diese Prozesse werden vom Unterbewusstsein gesteuert und laufen zumeist von uns unbemerkt ab. Wenn wir auf den Autobahnen unserer Gewohnheiten und Verhaltensmuster durch unseren Alltag rasen, sind wir die meiste Zeit nicht wirklich präsent. Wir merken nicht, was in uns abgeht. Um uns darauf aufmerksam zu machen, dass etwas nicht in Ordnung ist, gibt es das Symptom: die Sprache des Körpers, der versucht, *bio-logisch* die jeweils beste Lösung für das Gesamte zu finden. Je mehr wir weghören, desto heftiger wird sich das Symptom äußern. Schließlich geht es jedem Boten ja prinzipiell darum, wahrgenommen und verstanden zu werden. Er will seine Nachricht übermitteln. Wird er erhört, hat er sozusagen seine Mission erfüllt und kann verschwinden. Nach dem biologischen Dekodieren kann Heilung dann erfolgen, wenn das emotionale oder seelische Problem, das sich hinter jedem Symptom verbirgt, erkannt, durchlebt und integriert ist.

Auch bezüglich des Wirkens von Mikroben liefert dieser Heilansatz ganz neue Sichtweisen. Sie erscheinen hier als Helfer, als Diener des Lebendigen, die uns dabei unterstützen, gesund zu werden und zu bleiben. Der französische Arzt Olivier Soulier beschäftigt sich mit dieser natürlichen Intelligenz des Lebendigen. Für ihn existiert jede Krankheit auf drei Ebenen: körperlich, psychologisch und symbolisch. Endgültige Heilung kann nur dann eintreten, wenn das Problem auf allen drei Ebenen gelöst ist. Die an Krankheiten beteiligten Mikroben versteht er als eine Art Entwicklungshelfer, die uns dabei unterstützen, in vielfacher Hinsicht zu wachsen und uns insgesamt weiterzuentwickeln.

Die verschiedenen Mikrobenarten sieht Soulier in Zusammenhang mit einer bestimmten Verwundbarkeit. Jede Infektion hat eine tiefere Bedeutung. Staphylokokken zum Beispiel besiedeln gewöhnlich Haut und Schleimhäute. Ihre Aufgabe ist es, Fremdkörper zu erkennen und wieder herauszuschwemmen. Sie sind also in gewisser Weise die Wächter über unsere körperliche Integrität und unsere Grenzen zur Außenwelt. Staphylokokken sind unter anderem an der Bildung von Akne beteiligt, die besonders während der Pubertät auftritt, also der Zeit, in der wir unsere Identität formen und das Bild, das wir der Welt von uns geben. Mit den Entzündungen im Gesicht, dem exponiertesten Teil unseres Körpers, fällt es uns schwer, vor die anderen zu treten. Symbolisch gesehen stellen uns die Staphylokokken vor die Aufforderung, uns selbst über diese Barriere hinaus anzunehmen. Mit der Akne treten wir in gewisser Weise in eine neue Dimension unserer Existenz. Wir lösen uns von unserer Familie und lernen, uns in der Welt zu behaupten. Die Mikroben helfen uns in symbolischer Weise dabei.

Als weiteres Beispiel führt Soulier die an Angina und Scharlach beteiligten Streptokokken an. »Strepto« bedeutet »gebeugt«. Eine Infektion mit dieser Mikrobenart kann als die Aufforderung verstanden werden, sich innerlich aufzurichten.[97] Das Schema, das er

---

97 Weitere Beispiele aus der Erfahrung von Olivier Soulier: *Clostridium* bedeutet Verkapselung, Einschließen, und weist auf eine alte Wunde hin, die uns daran hindert, die Realität zu sehen. Eine Infektion kann als eine Einladung zum Aufbrechen und Loslassen verstanden werden. *E.coli,* stellt die Frage nach dem Gleichgewicht im Zusammenleben. Diese Bakterienart tritt häufig im Bereich des Magens auf und symbolisiert die Aufforderung, seine Identität zu wahren und gleichzeitig die Welt zu akzeptieren. *Candida Albicans* symbolisiert den Verlust von Illusionen. Das für das Pfeiffersche Drüsenfieber verantwortliche *Epstein-Barr-Virus* infiziert vor allem Jugendliche und junge Erwachsene. Es hilft ihnen zu reifen und Entscheidungen bezüglich ihrer Sexualität und Familiengründung zu treffen. Mehr dazu in französischer Sprache auf der DVD *Les microbes* unter https://editions.lessymboles.com/produit/dvd-les-microbes/ und *https://www.lessymboles.com/tag/microbe/*

im Wirken der Mikroben erkennt, ist immer dasselbe: Problem – Mikrobe – Lösung. So werden wir in symbolischer Weise mit jeder Infektion vor die Frage gestellt: Bist du bereit, diese Tür zu durchschreiten? Wie die Kinderkrankheiten, die wir durchleben, um größer zu werden und entsprechend unserer Immunität auch unsere Identität ein Stück weiter auszubilden, können uns unsere Krankheiten unser Leben lang dabei helfen zu wachsen und uns selbst besser kennenzulernen und zu achten. Sie brechen die alte Ordnung auf. Über die entstehenden Risse kommt Licht ins Dunkel. Neue Horizonte zeichnen sich ab.

Wenn wir diese Prozesse durch Medikamente unterbinden, verschließen wir sozusagen die sich öffnende Tür wieder und schneiden uns von der Möglichkeit ab, uns weiterzuentwickeln und in ein neues, dem Gesamten förderliches Gleichgewicht zu finden. Außerdem entsteht bei jeder Medikamenteneinnahme die Gefahr, dass zwar die Symptome ausgeschaltet werden, die Mikroben jedoch ihre Arbeit unterschwellig weiterführen, so schwach, dass das Immunsystem sie nicht erkennen kann. Dadurch kann es langfristig zu Autoimmunreaktionen kommen: Der Organismus behandelt Eigenes wie Fremdes und beginnt schließlich, sich gegen sich selbst zu richten. Er produziert nicht mehr genug T-Zellen, die die Aktivierung des Immunsystems regulieren und für Toleranz sorgen.

Die Folge können chronische Entzündungen oder Gewebeneubildungen sein: Morbus Crohn, Multiple Sklerose, Diabetes, Hepatitis, Arthritis, Rheuma, Krebs, Parkinson, Alzheimer – die Liste der Autoimmunerkrankungen wird heute immer länger. Sind sie ein Zeichen dafür, dass wir uns in gewisser Weise selbst nicht wiedererkennen? Sind wir uns fremd geworden? Nimmt mit unserer Immunität auch das Wissen um unsere Identität ab? Wissen wir nicht mehr, wer wir wirklich sind? Haben wir uns von etwas Wesentlichem so weit entfernt, dass sich schließlich unsere eigenen Körper gegen uns wenden? Machen uns die Mikroben darauf aufmerksam, dass es so nicht mehr weitergeht? In jedem Fall sitzen sie am längeren Hebel. Wenn wir uns weiter darauf versteifen, sie anzugreifen, und sie nicht als unsere Partner annehmen, dann riskieren wir, demnächst nicht mehr zu den Bewohnern dieses Planeten zu gehören.

Auslaufmodelle

Die aktuelle Zivilisation strebt ihrem Ende entgegen. Wir leiden an einer kollektiven Orientierungslosigkeit und wissen nicht, wie es auf der Erde mit uns weitergehen kann. Um uns davon abzulenken, ziehen wir uns zunehmend in private Wohlstandsoasen und künstliche Paradiese zurück und versuchen, so lange wie möglich von unseren immer geringer werdenden Privilegien zu profitieren. Da wir zunehmend in virtuelle Welten abtauchen, haben wir immer größere Schwierigkeiten, einander in Fleisch und Blut zu begegnen. Wir schaffen uns wechselnde künstliche Identitäten und Avatare und kapseln uns immer mehr ein. Es gibt in Japan heute Hunderttausende, meist gebildete junge Menschen, sogenannte *Hikikomori,* die teilweise jahrelang das Haus nicht mehr verlassen. Leistungsdruck, Konflikte und Enttäuschungen machen ihnen das Leben in der Gemeinschaft unmöglich. Die einzige Verbindung nach außen ist das Internet. Wir, die wir die Verbindung zu anderen, die Berührung, die Begegnung und das Gefühl, unserer Gemeinschaft nützlich zu sein, wie die Luft zum Atmen brauchen, vereinsamen und verkümmern hinter unseren Bildschirmen und Schutzvorrichtungen in einer zunehmend sinnentleerten Welt.

Immer weiter entfernen wir uns von dem, was uns nährt und uns Leben gibt. Wir wissen nichts mehr von den Gesetzen der Natur, nach denen das Leben Zusammenwirken ist, Entsprechung, Vielfalt und Kreislauf. Wir machen das Lebendige zum Objekt, zu einer Sache, und schaffen uns damit die Berechtigung, es beliebig zu manipulieren und auszunutzen. Alles wurde zur Ressource degradiert: Elemente, Landschaften, Pflanzen, Tiere, Menschen. Die damit entstehenden Probleme versuchen wir durch immer neue Erfindungen aus dem Weg zu räumen. Alles wird darangesetzt, dass so weiter gewirtschaftet werden kann wie bisher. Unaufhörlich drängen die neuen Technologien in unsere Körper ein, unaufhaltsam verschmelzen Mensch und Maschine miteinander. Vor 20 Jahren standen unsere Computer noch auf Armlänge entfernt auf einem Schreibtisch. Vor fünfzehn Jahren begannen wir, Laptops auf dem Schoß zu bedienen, vor zehn Jahren wanderte das Internet mit dem Smartphone in die Hand. Vor fünf Jahren begannen Smart Watches ständigen Hautkontakt herzustellen, und heute kann die digitale Sphäre direkt in den Körper eingepflanzt werden.

Geblendet von den sich eröffnenden Möglichkeiten versucht die transhumanistische Bewegung die intellektuellen, physischen und psychischen Möglichkeiten des Menschen künstlich zu erweitern. Eine neue Art entsteht: Der *Cyborg* soll schließlich den *Homo sapiens* ablösen und ihn von seinen Grenzen, Mängeln und Qualen erlösen, vor allem aber von Krankheit und Tod. Nicht nur im kalifornischen Silicon Valley wird eifrig an der Optimierung des Lebendigen geforscht. In Garagenlaboren der ganzen Welt basteln Bodyhacker in blutiger Do-it-yourself-Manier an ihren eigenen Körpern herum, um ihre Kapazitäten zu optimieren. Sie lassen sich Magnete in die Hände implantieren, um elektronische Felder zu erspüren, oder Mikrochips in die Haut, um Türen oder Smartphones zu entsperren. Demnächst, so schwärmt der französische Chirurg Laurent Alexandre, sollen wir mithilfe einer Kombination aus medizinischem Fortschritt, Informatik und Nanotechnologie 1000 Jahre alt werden können. Die Autoindustrie wirbt schon damit, dass der Mensch, der 200 Jahre alt wird, bereits geboren ist.

Wie es jedoch um die Wesen steht, die in derartig künstlich aufgerüsteten Körpern wohnen und von welchem Geist sie bewegt werden, das scheint niemanden zu interessieren. Angstvoll klammert sich der industrialisierte Mensch an Äußerlichkeiten und bleibt am Beckenrand stehen, wie ein Kind, das sich nicht traut, ins Wasser zu steigen und mit den anderen zu spielen. Es entsteht eine künstliche Elite, die die Illusion eines besseren Lebens für sich allein beansprucht. Sie spekuliert darauf, die Umwälzungen, die dem Planeten bevorstehen, zu überleben, und sichert sich bereits heute Überlebensplätze in Luxusbunkern.[98] Die Vorbereitungen zur Kolonialisierung des Weltraumes sind im vollen Gange. Im mittlerweile verschobenen Projekt *Mars One* wurden bereits Astronauten rekrutiert, die ab 2032 damit beginnen sollen, den Planeten Mars zu besiedeln. Die begleitende Reality-Show soll das größte Medienereignis der Weltgeschichte werden.

So begegnet der moderne Mensch der Tatsache, seinen Planeten zunehmend unbewohnbar zu machen. Selbst dem erdnahen Weltraum hat er bereits seinen Stempel aufgedrückt. Es gibt dort inzwischen so viel Müll, dass die Raumfahrt stellenweise unmöglich ist. Machbar geworden ist dieses gigantische Werk der Zerstörung durch hierarchische, pyramidal aufgebaute Herrschaftssysteme, in

---

98 Allein 50 000 Familien sollen sich bereits ihren Platz in den Überlebensbunkern der Firma *Vivos* gesichert haben. Eine Person kann sich ab 35 000 Dollar pro Jahr einkaufen. Ein lukratives Geschäft: http://www.terravivos.com

denen die Masse unten kritiklos ausführt, was oben beschlossen wird. In einer so konstruierten Gesellschaftsordnung wissen die jeweils Unteren nicht, worum es in den oberen Etagen wirklich geht. Während der Einzelne immer transparenter wird und das Leben aller gegen das Versprechen von mehr Sicherheit immer engmaschiger kontrolliert wird, bleiben die Entscheidungsträger undurchsichtig. Während allen anderen die Sicht versperrt ist, sieht nur das ganz oben stehende Auge alles.

Die Pyramide – ursprünglich als Tor zur geistigen Welt errichtet – zieht sich seit dem Altertum durch alle Bereiche unseres Lebens. Ob mittelalterliche Lehenspyramide oder die Führungspyramide des modernen Managements: Entscheidungen werden von oben nach unten durchgereicht, und wir können nur hoffen, dass sie zum Besten aller getroffen werden. Doch wenn wir uns heute in der Welt umsehen, wird deutlich, dass nur ganz wenige von dem profitieren, was ursprünglich allen zusteht. Das Maß der Zerstörung, das dadurch entsteht, ist heute kaum noch zu überblicken. Sie findet mittlerweile nicht nur in fernen Urwäldern und Ozeanen statt, sondern vor unserer Haustür. In Feld und Wald sterben inzwischen nicht nur die Bäume. Der Singvogelbestand in Europa ist allein in den letzten Jahren um bis zu 80 Prozent zurückgegangen, so wie auch die Zahl der Insekten – viel mehr, als man bisher vermutete.[99] Dave Goulson, Co-Autor einer Studie an der britischen Sussex University, warnt davor, dass wir bereits heute große Landstriche *für die meisten Formen des Lebens* unbewohnbar gemacht haben. Wir befinden uns gegenwärtig auf dem Kurs zu einem *ökologischen Armageddon.*

---

99 *More than 75 percent decline over 27 years in total flying insect biomass in protected areas,* Hallmann et al.: http://journals.plos.org/plosone/article?id=10.1371/journal.pone.0185809

Wenn wir nicht schnell und radikal etwas ändern, werden Gemüse und Obst schon in den nächsten Jahren für die meisten von uns zu unbezahlbaren Luxusgütern, da die Blüten per Hand bestäubt werden müssen. In einigen Gegenden Chinas ist dies bereits der Fall. Dort sind die Bienen schon heute ausgestorben. Forscher machen abwechselnd Pestizide, Milben, Überzüchtung oder Elektrosmog dafür verantwortlich. Wie genau das Zusammenwirken ist, kann heute noch nicht mit Sicherheit gesagt werden. Fest steht, dass Insekten und Bienen vom Aussterben bedroht sind. Ihr Verschwinden würde auch unser Ende bedeuten. Denn ohne sie können wir uns nicht mehr ernähren. Wenn wir das kleine Leben nicht achten, dann werden wir das Leben verlieren.

Dennoch kommen wir nicht ins Handeln. Bereits Ende 2017 erschien im Fachjournal *BioScience* ein Aufsatz mit dem Titel »Warnung an die Menschheit«: eine an die Weltbevölkerung gerichtete und von 15 000 Wissenschaftlern und Forschern unterschriebene Aufforderung zu viel konsequenterem Umweltschutz.[100] 2019 warnten 250 Forscher aus 70 Ländern im *Global Environment Outlook* davor, wie die Erde schon in ein paar Jahrzehnten aussehen wird, wenn wir unser Verhalten nicht ändern.[101] Multiresistente Keime, verschmutztes Trinkwasser, Müll – die zunehmende Umweltverschmutzung verursacht schon heute ein Viertel der Erkrankungen in der Welt und verkürzt das Leben von Millionen Menschen. Doch auch das früher in Sachen Umweltschutz als re-

---

100 Seit dem ersten Appell im Jahr 1992 hat sich die Lage weltweit in fast allen Bereichen dramatisch verschlechtert. Als Probleme werden vor allem Trinkwasserversorgung, Überfischung, Übersäuerung der Ozeane, Waldrodungen, Rückgang der Wirbeltierarten und der wachsende Kohlendioxid-Ausstoß genannt.

101 https://wedocs.unep.org/bitstream/handle/20.500.11822/27652/GEO6SPM_EN.pdf?sequence=1&isAllowed=y

lativ fortschrittlich geltende Deutschland stellt zunehmend die Interessen der Industrie vor den Schutz des Lebens.

Intelligent ist das nicht. Und tatsächlich scheint seit Mitte der 90er-Jahre unser Intelligenzquotient zu sinken. Auslöser sind Umwelthormone und chemische Verbindungen, die sich in allen industriell hergestellten Produkten befinden. Jeder von uns hat sie im Körper, unabhängig davon, ob wir in der Stadt oder auf dem Land leben, ob wir uns umweltbewusst ernähren oder nicht. Die damit einhergehende Beeinträchtigung der Funktion der Schilddrüse führt dazu, dass wir langsam verblöden.[102] Es sieht so aus, als seien wir gerade dabei, eine Art umgekehrte Evolution zu erleben. Um daran eventuell etwas ändern zu können, braucht es mehr als nur ein paar Maßnahmen. Ein radikaler und grundsätzlicher Wandel ist notwendig, um den Dingen eine andere Richtung zu geben. Wenn wir das nicht begreifen und den Organismus Erde nicht respektieren und schützen, macht auch das Forschen an Mikroorganismen keinen Sinn. Lassen wir uns jedoch auf sie ein und akzeptieren, von ihnen in gewisser Weise lernen zu können, dann kann es uns gelingen, einen Weg in ein neues Leben zu finden.

Alles ist möglich

Leben ist Bewegung. Kein Körper ist statisch und unveränderlich. Alle natürlichen Vorgänge sind darauf ausgerichtet, sich bestmöglich an die begleitenden Umstände anzupassen und das Ganze immer wieder ins Gleichgewicht zu bringen. In unseren Körpern spielen sich ununterbrochene Prozesse des Wandels ab. Ständig stirbt etwas von uns unbemerkt ab und macht Platz für frisches,

---

102 Siehe den Film *Umwelthormone – verlieren wir den Verstand?* von Sylvie Gilman und Thierry de Lestrade.

neues Leben. In jedem Moment können diese Vorgänge neue Impulse bekommen und eine neue Richtung einschlagen.

Biologisch gesehen ist weniges vorbestimmt. Auch unser Erbgut legt nur sehr bedingt fest, wie sich unsere Körper entwickeln. Nach den Erkenntnissen der Epigenetik hängt es überhaupt nur zu 15 Prozent von unseren Genen ab, ob wir im Laufe unseres Lebens eine bestimmte Krankheit entwickeln oder nicht. Der Biologe Joël de Rosnay vergleicht unsere DNA mit einem Buch. Welche Seiten im Laufe unseres Lebens aufgeschlagen werden, hängt vor allem von unserem Verhalten und unserer Art zu leben ab: Ernährung, Umweltgifte, Bewegung, aber auch Zufriedenheit im Beruf, in der Familie, in unseren Beziehungen, das Verhältnis, das wir zu uns selbst haben, und die Art, wie wir mit unseren Gefühlen und Wünschen umgehen.

Auch der Biologe Bruce Lipton entdeckte, dass es nicht die in den Zellkernen enthaltenen Gene sind, die das Leben einer Zelle bestimmen. Gene funktionieren wie Programme, die nur dann aktiv werden, wenn sie aufgerufen werden. Wenn sie nicht durch bestimmte Verhaltensweisen »angeklickt« werden, kommen sie nicht zum Wirken. Aus biologischer Sicht haben wir also eine Menge mitzureden, wenn es darum geht, was sich in unseren Körpern abspielt. Wir sind nicht die Sklaven unserer Gene oder nur Zuschauer dessen, was mit uns geschieht. Wir sind der Kapitän eines Schiffes und können durch unsere Haltung und unser Verhalten die Vorgänge in unserem Körper maßgeblich mitbeeinflussen.[103]

---

103 In seinem Buch *Was uns krank macht, was uns heilt – Aufbruch in eine neue Medizin* beschreibt Christian Schubert, wie unser Immunsystem in ständiger Wechselwirkung mit unseren Gedanken, unserem Verhalten und unseren Gefühlen steht. Chronischer Stress macht uns anfälliger für Infektionen und kann langfristig zu Leiden wie Krebs und Autoimmunkrankheiten führen. Umgekehrt mobilisieren positive Gedanken, seelische Ausgeglichenheit und inneres Wohlbefinden unsere Selbstheilungskräfte.

Hierzu ist es notwendig, den Determinismus zu überwinden und an unsere Möglichkeiten zu glauben. Wer davon überzeugt ist, dass etwas wirkt, erhöht die Wahrscheinlichkeit, dass es auch geschieht. Aus der Placeboforschung ist hinlänglich bekannt, dass eine Behandlung bis zur Hälfte davon abhängt, ob wir an ihre Wirkung glauben oder nicht. In seinem Buch *Wunder wirken Wunder* geht Eckart von Hirschhausen sogar so weit zu behaupten, dass überhaupt nur 20 Prozent aller medizinischen Maßnahmen wirksamer als Placebos sind. In jedem Fall ist es nur zu einem Teil die Substanz, die wirkt. Den anderen Teil übernimmt unsere Vorstellung.

So ist es möglich, mit Hypnose oder Meditation Schmerzen zu stillen und ohne Anästhesie selbst lange und komplizierte Operationen auszuhalten. Der Radiologe Carl Simonton hat eine Visualisierungsmethode entwickelt, mit der sogar Krebsgeschwüre schrumpfen und ganz verschwinden können. Unser Körper ist ein Energiefeld, das sich durch Gefühls- und Gedankenimpulse ständig verändert. Es erscheint uns völlig normal, unsere Energiefrequenzen per Elektrokardiogramm und Elektroenzephalogramm messen zu können. Schwerer tun wir uns mit der Vorstellung, dass wir selbst gezielt Einfluss auf das Energiefeld unseres Körpers nehmen können.

Ende des letzten Jahrhunderts machte der japanische Forscher Masaru Emoto eine überraschende Entdeckung. Bei der Untersuchung der Wirkung von Musik auf das Element Wasser stellte er fest, dass Wasser, das sanften und harmonischen Melodien ausgesetzt wird, gleichmäßig angeordnete Moleküle bildet, während Wasser, das mit aggressiver Musik beschallt wird, unregelmäßige und chaotische Anordnungen aufweist. In einem anderen Versuch beschrieb Emoto Wasserflaschen mit Worten wie *Danke, Liebe,*

Angst, Hass und beobachtete, dass die Struktur der Wassermoleküle bei positiven, liebevollen Botschaften harmonisch geordnet und bei den negativen Botschaften chaotisch war. [104]

Etwa zeitgleich gelang es dem französischen Immunologen Jacques Benveniste nachzuweisen, dass Wasser Informationen speichern kann, also tatsächlich eine Art Gedächtnis hat. [105] Wäre diese Entdeckung anerkannt worden, würde das bedeuten, dass Medikamente nicht mehr als chemische Verbindungen verabreicht werden bräuchten, sondern sozusagen als in Wasser aufgelöste Information. Benvenistes Vision war es, Rezepturen und Formeln zu digitalisieren. Sie könnten in Sekundenschnelle per Klick dorthin verschicken werden, wo sie gebraucht werden. Nachdem sie vor Ort auf einen Datenträger kopiert werden würden, müsste man wie in Emotos Versuchen nur ein Glas daraufstellen und das Wasser die Information aufnehmen lassen. Diese Art der Medikamentenverabreichung würde wenig kosten, hätte keine schädlichen Nebenwirkungen – und wäre der Ruin eines ganzen Industriezweiges. Es würde das Ende der Medizin bedeuten, wie wir sie heute kennen. Wie Hamer wurde Benveniste aus der wissenschaftlichen Gemeinschaft ausgeschlossen und seine Entdeckung im Keim erstickt. [106]

Während die Medizin der westlichen Industrienationen auf patentierbare chemische Formeln setzt und die energetische Dimension des Heilens nicht nur weitestgehend vernachlässigt, sondern ge-

---

104 Siehe dazu auch den Film *Water – die geheime Macht des Wassers* von Julya Perkul und Anastasya Popova.

105 Jacques Benveniste: *Ma vérité sur la »mémoire de l'eau«*, Albin Michel 2005

106 Dennoch ist Benvenistes Vision Wirklichkeit geworden. Das Labor Bodyfreq hat diesen Ansatz zur Anwendung gebracht: https://www.bodyfreq.com/

zielt zu verhindern sucht, recherchiert man in Osteuropa und Russland seit Beginn des letzten Jahrhunderts zu Methoden, wie man durch Vibrationen und elektromagnetische Frequenzen einen gestörten Zellmetabolismus heilen kann.[107] Insgesamt bleibt jedoch noch weitestgehend unerforscht, wie genau die komplexen Kommunikationsprozesse in unserem Körper funktionieren. Als wissenschaftlich nachgewiesen gilt jedoch, dass elektromagnetische Felder die Zellteilung, die Absonderung von Hormonen und das Funktionieren des Nervensystems regulieren. In jedem Fall steht fest, dass die Vorgänge in unserem Körper nicht nur biochemisch gesteuert werden. Denn wäre es so, bräuchten wir Jahre, um zum Beispiel unser Mittagessen zu verdauen. Es sind die von der Quantenmechanik aufgeschlüsselten energetischen Vorgänge, die unsere Verdauungsenzyme steuern.[108]

Auch Moleküle der DNA von Bakterien und Viren senden elektromagnetische Signale aus. Der französische Virologe und Nobelpreisträger Luc Montagnier entwickelte ein Verfahren, diese zu erkennen und zu bestimmen. In Anlehnung an das homöopathische Prinzip, nach dem Gleiches mit Gleichem behandelt wird, arbeitet er an einer Methode, in der es darum geht, die Sendefähigkeiten der Erreger sich sozusagen gegenseitig ausschalten zu lassen.

Die Idee Montagniers, einen Krankheitserreger mit einem anderen Krankheitserreger zu neutralisieren, ist nicht neu. Sie wird seit Langem in der Nosodentherapie angewendet, in der nach dem homöopathischen Prinzip pathologisches Material so aufbereitet wird, dass keine materiellen Rückstände der Stoffe mehr in den Verdünnungen enthalten sind. Neu ist, Infektionskrankheiten

---

107 Dazu die Arbeiten von Gurwitsch, Lakhovsky, Stschurin, Kaznacheev, Michailova

108 Jim Al-Khalili und Johnjoe Mac Fadden: *Life on the Edge: The Coming of Age of Quantum Biology,*

durch die Neutralisierung der elektromagnetischen Signale der Mikroorganismen zu behandeln. Doch die Behauptung, dass eine Substanz wirken kann, wenn sie eben »nur« als Information vorhanden ist und nicht mehr materiell nachweisbar, brachte auch einen Nobelpreisträger an den Rand der wissenschaftlichen Gemeinschaft.

Obwohl unsere Messmethoden, Diagnoseverfahren und Behandlungen immer feinmechanischer werden, tun wir uns schwer damit, dem Energetischen, Subtilen, Schwingenden einen Platz in unserer Wissenschaft einzuräumen. In dieser Dimension gibt es nichts Greifbares, in Einzelteile Zerlegbares. Informationen setzen sich in Wellen fort, die wie ein Strom das Lebendige durchziehen. Sie sind wie das immaterielle Pendant zu den Lebensgemeinschaften der Mikroorganismen. Auch diese sind nicht als Einzelnes zu erfassen, sondern nur als Zusammenhängendes zu verstehen. Um diese Realität zu begreifen, braucht es einen freien, offenen und vorurteilslosen Blick. Es ist ein mutiger Schritt ins Ungewisse, denn er bedeutet eine Abkehr von einer Medizin, die danach strebt, die Natur zu überwinden, und die Chemie und Technik ins Zentrum der Behandlungen stellt und nicht den Menschen.

Richtungswechsel

Es sind die Mikroorganismen, an denen sich entscheiden wird, in welche Richtung unsere Medizin sich entwickelt. Kämpfen oder Frieden schließen? Zum Cyborg werden oder den Gesetzen der Natur folgen? Uns am Materiellen festklammern oder in den Fluss des Lebens einsteigen? In jedem Fall erfahren wir heute deutlich, dass wir den Mikroben nicht entkommen können. Wir können nicht ins Wasser steigen, ohne nass zu werden. Ohne Mikroben ist

Leben nicht möglich. Ob wir es wollen oder nicht: Auch durch sie wird das Ende der alten, spaltenden Weltordnung vorangetrieben. Sie bereiten den Weg für eine neue, gemeinsame Vision. *Schaut uns an,* scheinen sie zu sagen. *Seht her, wie wir funktionieren und zusammenarbeiten. Werdet euch darüber bewusst, was auch für euch lebensnotwendig ist.*

Wenn wir uns nicht dafür entscheiden, ein allumfassendes *WIR* zu leben, bereiten wir unseren eigenen Untergang vor. Mit unserem Zerstückeln, Trennen und Auseinandernehmen haben wir nicht nur viel kaputt gemacht, sondern auch überall Lücken gerissen. Kaum entsteht irgendwo ein Vakuum, kommt etwas anderes, was nicht unbedingt dorthin gehört. So haben wir mit der Zeit die Krankheiten, die wir ausgerottet haben, durch neue ersetzt.[109] Seitdem wir versuchen, Bakterien auszumerzen, nehmen die Infektionskrankheiten weltweit zu. Allein in den letzten 60 Jahren sind 350 neue Infektionskrankheiten entstanden. Ständig werden neue Erreger identifiziert, die mit unseren Waren und unseren Geschäfts- und Ferienflügen blitzschnell um die Welt reisen. In Windeseile werden sie von einem zum anderen getragen und werden dabei durch nichts aufgehalten.

Erschwerend kommt für uns hinzu, dass unsere Lebensweise uns heute empfindlicher und anfälliger für Krankheiten macht denn je. Einseitige, industrielle und ungesunde Ernährung, Umweltgifte, Strahlungen, Stress, chronische Erkrankungen und Medikamente haben unser Immunsystem nachhaltig und maßgeblich

109 R. Kurth : *Das Auftreten alter und neuer Seuchen als Konsequenz menschlichen Handelns:* http://www.rki.de/DE/Content/InfAZ/N/Neue_Infektionskrankheiten/Seuchen.pdf?__blob=publicationFile. Als auslösende Faktoren werden u.a. technologische und medizinische Fortschritte, Veränderungen der Umwelt, Veränderungen im Lebensstil und Reisetätigkeit genannt.

geschwächt. Die von uns entwickelten Impfstoffe bieten einen zweifelhaften und in keiner Weise ausreichenden Schutz. Antibiotika verlieren ihre Wirkung und nehmen uns damit die Möglichkeit, Krankheiten, zu deren Entstehen und Verbreitung wir selbst beigetragen haben, zu überwinden.

Nirgends sind wir sicher. Es gibt keine Grenzen, die die Mikroorganismen nicht überwinden würden. Im Gegensatz zu uns können sie in so gut wie jedem Milieu überleben. Sie sind absolut überall. Ein Team von der staatlichen Universität Pennsylvania hat gemeine Hausfliegen daraufhin untersucht, ob diese für den Menschen gefährliche Mikroben transportieren. Sie tun es.[110] In einer anderen Studie haben sich Forscher dafür interessiert, ob es auch in der Atmosphäre in 3000 Meter Höhe Mikroben gibt. Es gibt sie. Sie besiedeln inzwischen sogar unsere Raumstationen. Zwischen 260 Millionen und 7 Milliarden Mikroben landen pro Quadratmeter täglich auf der Erde.[111] Wie ein steter Regen fallen sie auf uns hinab. Keine Kuppel, kein Sicherheitsbunker, keine Schutzkleidung könnte sie daran hindern, zu uns zu gelangen.

Wir sitzen alle im selben Boot. Ob reich oder arm, auf der Straße oder hinter Mauern isoliert – wie die Pest, der *rote Tod* in der fantastischen Erzählung von Edgar Allen Poe, können sie das Leben aller zunichtemachen. Noch mögen wir uns amüsieren und unsere prächtigen Kleider und Masken herausholen und die Musik laut aufspielen lassen, wie in jenem Palast Venedigs. Doch das kann uns nicht darüber hinwegtäuschen, dass es uns jeden Moment erwischen kann. Jeder Insektenstich, jede Berührung, jeder

---

110 Stefan Schuster: *The microbiomes of blowflies and houseflies as bacterial transmission reservoir:* https://www.ncbi.nlm.nih.gov/pubmed/29176730

111 *Deposition rates of viruses and bacteria above the atmospheric boundary layer:* https://www.nature.com/articles/s41396-017-0042-4

Atemzug kann unser Ende bedeuten. Angesichts der tödlichen Gefahr können wir verzweifelt weiterforschen an immer neuen Medikamenten und immer neuen noch ausgefeilteren Waffen gegen das Leben. Doch niemals werden wir uns wirklich in Sicherheit fühlen können. Immer furchtsamer werden wir einander begegnen, denn alles Lebendige birgt fortan eine tödliche Gefahr.

Wir kaufen die Supermarktregale und Apotheken leer, horten Atemmasken, Nudeln und Toilettenpapier und vermeiden den Kontakt zu unserer Umgebung. Misstrauisch beäugen wir uns gegenseitig und versuchen, diejenigen ausfindig zu machen, die uns die fatale Infektion übertragen könnten. Unsere Nächsten werden zu potenziellen Virenschleudern. Argwöhnisch kontrollieren wir ihr Verhalten und denunzieren sie bei der kleinsten Überschreitung von ständig sich ändernden und verschärfenden Regeln. Immer mehr ziehen wir uns hinter unsere peinlichst desinfizierten Mauern zurück und opfern unsere Freiheit, unsere Rechte und schließlich unsere Menschlichkeit einer alles kontrollierenden Krankheitsdiktatur. Wir umarmen einander nicht mehr, sitzen nicht mehr in fröhlicher Runde um einen Tisch und tanzen und singen nicht mehr zusammen. Familien, Nachbarschaften, Freundeskreise, Kollegien, Vereine und Gemeinschaften sind auseinandergerissen. Mütter bringen ihre Kinder allein zur Welt und Kinder können ihren Eltern auf dem Sterbebett nicht die Hand halten. Doch trotz aller drastischen sogenannten Schutzmaßnahmen können wir nicht einen Augenblick lang sicher sein, dass die sich sofort an neue Situationen und Umstände anpassenden Mikroben sich nicht doch eingeschleust haben.

So sieht es aus, wenn der Mensch seinen Kampf gegen das Leben weiterverfolgt. Wie in dem Roman *Der Zorn* von Denis Marquet wird die Erde schließlich für uns alle unbewohnbar. Zyklone, Erdbeben, Vulkanausbrüche, Brände und Überschwemmungen machen das Leben vielerorts unmöglich. Haustiere richten sich gegen ihre Besitzer und greifen sie an. Obst und Gemüse entwickeln für den Menschen giftige Substanzen, und ständig mutierende Superviren raffen in Minutenschnelle ganze Städte dahin. Die Bevölkerung wird im Ungewissen gelassen, und das in Krisenzeiten erstarkte Militär löscht ganze Landstriche aus bis hin zur finalen Lösung: alles Leben auf der Erde vollständig zu zerstören, um schließlich neues, künstliches Leben zu züchten. Den letzten, in unterirdische Bunker zurückgezogenen Überlebenden bleibt nichts als die Angst vor dem Lebendigen, bevor ihre Körper sich schließlich selbst zerstören. Die mikrobiellen Lebensgemeinschaften lösen den Menschen letztlich auf und befreien die Erde von ihren Peinigern.

Doch es kann anders mit uns weitergehen, als in diesem visionären Roman beschrieben. Wir können aufhören, uns gegen das Leben und seine Regeln und Gesetze aufzulehnen, weil wir endlich begreifen, dass es nicht gegen uns gerichtet ist. Auch wenn das Leben das Sterben beinhaltet, ist es uns deshalb doch nicht feindlich gesinnt. Leben ist beides: Geburt und Tod. Wir sind ein Teil dieser natürlichen Zyklen, so wie die Mikroben ein Teil von uns sind. Wir werden von dem Lebensstrom immer weitergetragen. Immer wieder gibt er uns die Möglichkeit, uns neu aufzurichten und zu entfalten. Es ist ein kontinuierlich fließender Prozess des Werdens und Vergehens, dem wir uns nicht entziehen können. Wer versucht, diesen Fluss aufzuhalten oder die Dinge festzuhalten, wird in ihm untergehen. Nur wer ihm keinen Widerstand leistet und sich ihm hingibt, kann von ihm getragen werden. So wie das Wasser hält er uns, wenn wir uns ihm anvertrauen.

Wir müssen die Mikroben, diese kleinste materialisierte Form des Lebendigen, nicht fürchten, auch wenn sie unsere Körper eines

Tages auflösen werden. Sie tragen dafür Sorge, dass wir zu einem *Humus Humanis* werden. Sie erinnern uns daran, woher wir kommen und wie tief unsere Bindung zu der Erde ist, in der alles sich verwandelt und nichts verloren geht. Es war Antoine Béchamp, der große Widersacher Louis Pasteurs, der sich im unaufhörlichen Kreislauf des Lebendigen für die Unsterblichkeit interessierte. In den Mikroorganismen entdeckte er noch kleinere Lebenseinheiten, die er *Microzyme* nannte. Es handelt sich um eine Art Elementarteilchen, die allen organisierten Lebensformen zugrunde liegen. Béchamp vermutete, dass sich Zellen mit Bakterien, Viren und deren Bestandteilen immer wieder ineinander umwandeln und in unterschiedlichen Erscheinungsformen auftreten.[112] Nichts geht verloren. Alles verwandelt sich und setzt sich immer wieder auf neue Weise zusammen. So sah es auch Antoine de Lavoisier, der Wegbereiter der modernen Chemie. In der aktuellen Forschung tragen die von Béchamp entdeckten Lebenseinheiten Namen wie Nanobakterien, Mycoplasma, Somatiden oder Endobionten. Die australische Geologin Philippa Uwins führte den Beweis, dass diese Kleinststrukturen tatsächlich lebendig sind. Selbst 12 Millionen Jahre alte Nanobakterien in Kalkgestein können wieder zum Leben erweckt werden und neue Lebensformen bilden.

So scheint das Leben wirklich und wahrhaftig unsterblich zu sein. Informationen gehen nicht verloren. Sie bleiben intakt, auch wenn sich die Form verändert, über die sie transportiert werden. Aus diesem Bewusstsein heraus kann sich eine neue Heilkunde entwickeln. So wie sich die Industriegesellschaft zu einer Informations-

112 Hierzu auch der Aufsatz von Kristina Peter: Die Mikrobe ist nichts, das Terrain ist alles: https://www.naturepower.de/vitalstoff-journal/fakten-widerreden/krankheiten/die-mikrobe-ist-nichts-das-milieu-ist-alles/

gesellschaft wandelt, so kann aus der Industriemedizin eine Art Informationsmedizin werden, die auf dem Wissen um die Verbindungen basiert und integriert, was vorher bekämpft wurde. Im Zentrum des Heilprozesses stehen eine verbesserte Kommunikation zwischen Patient und Arzt und den Vertretern verschiedener Heilmethoden. Alle Beteiligten arbeiten und wirken zusammen im Sinne einer integrativen Medizin, in der sich konventionelle, natürliche und ganzheitliche Ansätze zum Vorteil aller miteinander verbinden. Wichtigste heilende Kraft ist die Kreativität unseres Geistes und seine Fähigkeit, jederzeit Überflüssiges und Schädliches aufzulösen und Neues, Gesundes zu schaffen. Heilprozesse werden nicht mehr von außen auferlegt, sondern entwickeln sich von innen heraus. Nicht Technik und Chemikalien bestimmen die Heilung, sondern Schwingungen, Gedanken, Worte, Haltungen, Gesten, Bewegungen. Die Fremdbestimmung, die dem Behandelnden alle Macht gibt und dem Patienten keine, wird abgelöst durch Selbstermächtigung. Ganz bewusst lösen wir uns aus der Konsumentenrolle und werden zu eigenverantwortlichen Akteuren unserer Gesundheit, die im anderen nicht mehr den Retter oder den Schuldigen suchen, sondern den Partner.

Mit der zunehmenden Übernahme der Verantwortung für unseren Körper und für unser Leben werden wir schließlich erwachsen. Wir lassen es nicht mehr zu, dass andere die Zauberlehrlinge Gottes spielen. Wir ahnen, dass das Paradies nicht irgendein ferner Ort ist, an den man kommt, wenn man nur genug investiert hat, sondern dass es sich direkt hier vor unseren Augen befindet. Wir konnten es bisher nur nicht sehen. Doch in dem Moment, in dem wir uns auf die Seite des Lebendigen stellen und dem Mysterium mit Respekt und Vertrauen begegnen, zerreißt der Schleier vor unseren Augen, und die Dinge erscheinen in einem vollkommen neuen Licht.

Frieden kann einkehren. Uns bleibt, die Ärmel hochzukrempeln und das uns Anvertraute zu pflegen. Wir können uns endlich dem widmen, was wir in Friedenszeiten immer getan haben: gärtnern. In ihrem Buch *Darm mit Charme* schreibt Giulia Enders, dass wir nicht die Opfer unserer Darmbakterien sind, sondern die Gärtner unserer Bauchlandschaft. Gärtnern macht Spaß und hält fit. Wir müssen uns dafür von unseren Stühlen und aus unseren Sesseln erheben und in Bewegung setzen. Allein das tut uns gut. Die weitverbreitete Sesshaftigkeit wäre nicht mehr eine unserer ersten Todesursachen, wenn wir anfangen würden, uns zu beugen, zu bücken und zu recken. So bekommen wir wieder Bezug zum Boden, zu den Elementen und den Pflanzen. Hier kommen wir mit jeder Menge kleiner Organismen in Berührung.

Damit wir die Hände frei dafür haben, packen wir all das Bunte, Schillernde, Abgepackte, fertig Zubereitete, das hübsch glänzende und perfekt kalibrierte Obst und Gemüse wieder aus unseren Einkaufswagen aus, kehren den Supermärkten den Rücken und kaufen anderswo ein: auf dem Markt, beim Biobauern, in der Kooperative, im Bioladen, beim Nachbarn. Wir können uns selbst einen Garten anlegen, auch auf dem Balkon, auf der Fensterbank und im Wohnzimmer. Anstatt jedes Jahr wieder neue sterile und genmanipulierte Samen aus den Katalogen der Agrarriesen zu kaufen, interessieren wir uns für die nicht an Patente gebundenen *Open Source*-Saatenbanken und züchten unsere Samen selbst.[113]

---

113 Die Initiative http://www.opensourceseeds.org/startseite will Saatgut wieder zu einem Gemeingut für alle machen, indem sie neue Sorten mit der Open-Source-Lizenz ausstattet, der effizienteste Weg, Saatgut rechtlich vor Patenten zu schützen.

Wir können austauschen und zusammen kreativ werden. Das nimmt Zeit in Anspruch, wie auch die Zubereitung unserer Nahrung. Wer will, verzichtet auf Fertiggerichte, die nicht nur viel Geld kosten, sondern auch den Körper vergiften. Er beginnt, wieder selbst zu schnippeln, zu kneten und zu rühren. Er wärmt nicht nur auf, sondern fängt an, wieder richtig zu kochen, auszuprobieren und zu erfinden.[114] Was so viel Arbeit macht, wird nicht mehr auf den Knien vor irgendeinem Bildschirm in sich hineingeschoben. Wir schenken dem, was wir essen, wieder Achtung und genießen es mit allen Sinnen. In den Wohnungen stehen wieder richtige Esstische, um die herum sich alle zu einer bestimmten Zeit versammeln. Wir sehen einander wieder an und sprechen miteinander. Wir kauen wieder richtig, und unsere von der Industrienahrung verdorbenen Zähne haben wieder richtig Arbeit und werden gesund, wie jedes Organ, wenn es benutzt wird.

Um die Darmlandschaft dauerhaft gesund zu erhalten, braucht es eine ausgeglichene Ernährung. Hierfür können wir vor allem auf rotes Fleisch und raffinierten Zucker verzichten und regelmäßig Probiotika und Präbiotika einnehmen: Mikroorganismen *für das Leben.*[115] Sie sind in selbst zubereitetem fermentiertem Gemüse wie Kohl, Karotten und Roter Beete, in Kefir, Kombucha und Joghurt, Knoblauch, Artischocken, Schalotten, Zwiebeln und frischem grünen Saisongemüse reichlich enthalten. Lachs, der inzwischen zu den giftigsten Lebensmitteln überhaupt gehört, muss nicht mehr

---

114 Inspirationen dazu gibt es viele, ganz aktuell zum Beispiel in den Kochbüchern zum *Clean Eating* oder *Clean Food.*

115 Probiotika sind lebende oder gefriergetrocknete Bakterien, zu denen etwa Milchsäure- oder Kolibakterien zählen. Präbiotika sind Nahrungsbestandteile, unlösliche Ballaststoffe wie Stärke in Kartoffeln und Getreide oder lösliche Ballaststoffe wie Pektin in Obst und Gemüse. Beide dienen als Nahrung für Darmkeime.

auf den Tisch, ebenso wie Thunfisch und andere große Fische und die ihnen enthaltenen Schwermetalle. Der Verbrauch von Medikamenten kann eingeschränkt werden, da erwiesen ist, dass sie die Darmwände zerstören und das Immunsystem schwächen.

Wir können dafür Sorge tragen, möglichst viele verschiedene Nähr- und Ballaststoffe zu uns zu nehmen, ausreichend Spurenelemente, Vitamine und Antioxidantien, viel saisonales Gemüse, Knollen, Wurzeln, Nüsse, Mandeln, Beeren und ausreichend Obst. Wenn wir auf industrielle Süßwaren, Weißmehlprodukte, kohlensäurehaltige Getränke und synthetische Lebensmittelzusatzstoffe verzichten, sind unsere Körper nicht mehr ständig übersäuert und schlapp. Wir sind viel weniger anfällig nicht nur für Gicht, Arthrose oder Nierensteine, sondern auch für Infekte und Pilzerkrankungen, Allergien, Bandscheibenprobleme, Bronchialerkrankungen, koronare Herzkrankheiten, Migräne, Fibromyalgie, chronische Schmerzen, Osteoporose und Krebs. Auch auf Kuhmilchprodukte sollte weitestgehend verzichtet werden. Diese sorgen nicht nur für einen erhöhten pH-Wert in unserem Körper und erhöhen durch die in ihr enthaltenen Wachstumshormone die Wahrscheinlichkeit von Krebs. Sie tragen auch dazu bei, dass sich Pilze und Bakterien ansiedeln, die nicht in unseren Organismus gehören. Viele Studien belegen, wie gesundheitsschädlich vor allem Kuhmilchprodukte sind. Milch stärkt nicht den Knochenbau, wie oft erzählt wird, sondern entzieht im Gegenteil dem Körper Calcium und trägt zu seiner Entmineralisierung bei.[116] Außerdem begünstigen

---

116 Eine 2009 veröffentlichte Studie im Fachjournal *Osteoporosis International* zeigt, dass die Knochendichte vegan lebender Frauen identisch mit der Knochendichte von Frauen ist, die regelmäßig Milchprodukte verzehren. Eine Studie des *Karolinska Institut* in Stockholm unter der Leitung von Professor Michaëlsson besagt sogar, dass Milchverzehr das Osteoporoserisiko steigert und die Sterblichkeit erhöht.

Milchprodukte Entzündungsprozesse und damit Krankheiten wie Bluthochdruck, Arteriosklerose, Diabetes, Neurodermitis, Alzheimer, Parkinson und sogar Krebs.[117]

Wenn wir das berücksichtigen, werden wir viel seltener krank, haben weniger Sodbrennen, Bauchschmerzen und Blähungen. Kommt es dennoch zu Infektionen, können wir mit Pflanzen und Kräutern die Selbstheilungskräfte unseres Körpers unterstützen und auf natürliche Antibiotika wie Honig, Propolis, Echinacea, Grapefruitkernextrakt und ätherische Öle wie Ravintsara, Tea Tree, Eukalyptus, Rosmarin oder Oregano zurückgreifen, sowie auf Thymian, Salbei, Ringelblume oder Thuja. Viele Störungen, auch als schwerwiegend geltende, können sehr effektiv auf natürliche und unschädliche Weise mit Heilfasten, H_2O_2 und Heilerde überwunden werden.

Wenn wir schließlich auf all das Ungesunde verzichten, riechen wir besser, haben einen angenehmeren Atem, eine schönere Haut, schönere Haare und Nägel. Unsere Körper gehen nicht aus der Form, und wir sehen insgesamt besser aus. Das Selbstwertgefühl steigt, und Beziehungen und Sozialverhalten verbessern sich. Wir finden leichter die große Liebe und den richtigen Job und führen insgesamt ein erfüllteres, glücklicheres Leben. Tiere werden nicht mehr massenhaft gequält und unter lebensverachtenden Bedingungen aufgezogen und geschlachtet, Pflanzen nicht mehr mit Chemikalien vollgepumpt, Böden nicht mehr verseucht und aus-

---

117 Die in Milch enthaltenen Wachstumsfaktoren können auch das Wachstum von Tumorzellen beeinflussen. In den letzten Jahren wurde vor allem die Verbindung zwischen Milchkonsum und Prostatakrebs offensichtlich, wie in dieser Metaanalyse englischer Forscher:
Aune D. Dairy: *Products, calcium and prostate cancer risk: a systematic review and meta-analysis of cohort studies.* Am J Clin Nutr 2015;101:87-117. https://www.ncbi.nlm.nih.gov/pubmed/25527754

gelaugt, Wasser und Luft nicht mehr verpestet und der Regenwald nicht mehr abgeholzt. Die Artenvielfalt baut sich wieder auf, die Kriege um die letzten Rohstoffe des Planeten hören auf, und das Leben bekommt wieder einen Sinn – wenn wir nur von unserer Freiheit Gebrauch machen, entsprechend einzukaufen.

Wenn wir uns wieder mit dem Lebendigen verbinden, gibt es auch für die gefährliche Antibiotikaresistenz Lösungen. Sie kommen von den Mikroben selbst. Schon vor über hundert Jahren entdeckte der kanadische Biologe Félix Hubert d'Hérelle bestimmte Viren, sogenannte Phagen, die sich von Bakterien ernähren. Diese sich sozusagen selbst reproduzierende Arznei ist für den Menschen vollkommen ungefährlich. Während Antibiotika nützliche und schädliche Bakterien gleichermaßen angreifen, beschränken sich die Phagen bei ihrer Arbeit nur auf Krankheitserreger.

Nach ihrer Entdeckung kam es in Europa und in den USA zu einem regelrechten Phagenboom. Sie wurden gegen alle möglichen Infektionskrankheiten eingesetzt, etwa gegen die tödliche Ruhr. Mit dem Beginn der Penicillinproduktion ab 1942 jedoch fand diese hochwirksame Anwendung ein jähes Ende in den westlichen Industrienationen. In Osteuropa aber, wo Antibiotika aufgrund des Kalten Krieges ein rares Gut waren, wurde die Anwendung von Phagen weiterentwickelt. Vor allem in Georgien hat das mittlerweile jahrhundertealte Wissen um diese Heilmethode überlebt. Zemphira Alavidze vom *Phages Therapy center* in Tiflis[118] berichtet, dass immer mehr ausländische Patienten, die in ihren Heimatländern aufgegeben wurden, der Phagentherapie vertrauen. Sie haben guten Grund dafür: Die Erfolgsrate liegt zwischen 85 bis 90 Prozent. Selbst gegen den viel ge-

118 https://www.phagetherapycenter.com.

fürchteten Erreger *Staphylococcus aureus* gibt es eine wirksame Behandlung. [119]

Die Gründe, warum die Phagentherapie heute nicht viel mehr angewendet wird, sind nicht medizinischer, sondern wirtschaftlicher und politischer Art: Es ist kaum jemand bereit, in dieser Region der Welt zu investieren. Erschwerend kommt hinzu, dass die georgischen Wissenschaftler ihre Erfahrungen vor allem auf Russisch oder Georgisch oder gar nicht publiziert haben. In der Wissenschaft, in der die Amtssprache Englisch ist, tauchen sie daher nicht auf. Phagenpräparate lassen sich zudem nicht patentieren und interessieren auch aus diesem Grund die Pharmaindustrie nicht. Um als Arznei zugelassen zu werden, muss eine chemisch klar definierte Substanz nachgewiesen werden. Ein ständig sich selbst veränderndes Heilmittel, das zudem noch aus einer Kombination verschiedener Phagen besteht, hat so gut wie keine Chancen, auf den internationalen Markt zu kommen. Doch trotz all dieser Hindernisse setzt sich die Phagentherapie immer mehr durch und angesichts der rasant voranschreitenden Antibiotikaresistenz interessieren sich zunehmend auch europäische Labore für diese Heilmethode. [120]

Es ist nicht zu spät. Krankes kann gesund werden, Ausgelaugtes, Verschmutztes und Verdorbenes können zu neuem Leben erwachen. 1935 wurde in Japan eine Gemeinschaft gegründet, deren Vision es war, eine Welt zu schaffen, in der die Menschen in Respekt und Frieden miteinander leben können und die frei von

119 https://www.iitd.pan.wroc.pl/en/Phages/ Nähere Informationen auch in einem Artikel von Chris Vielhaus: *Das hilft, wenn kein Antibiotikum mehr wirkt* in https://perspective-daily.de.

120 Dazu der 2019 auf Arte ausgestrahlte Film *Die unglaubliche Geschichte der Bakterientöter:* https://boutique.arte.tv/detail/lhistoire_incroyable_des_tueurs_de_bacte

Hunger, Krankheit, Armut und Krieg ist. Auf der Suche nach einer düngemittelfreien Förderung der Bodenfruchtbarkeit wurde eine Mischung aus drei Arten von Mikroorganismen entwickelt: Milchsäurebakterien, Hefe und Photosynthese-Bakterien.[121] Zu ihrer Verbreitung trug das 1994 erschienene und 1996 auf Englisch übersetzte Buch von Professor Teruo Higa bei: *An Earth Saving Revolution.*

Die *Effektiven Mikroorganismen* (EM) sind ein Team, das als Gemeinschaft tätig wird, wohin auch immer sie gebracht werden. Gemeinsam entfalten die Einzelstämme ihre Wirkung zum Wohle aller und zum Segen des Ganzen. Sie verbessern Ernteerträge, verwandeln organische Abfälle in Dünger, verstoffwechseln Gifte, klären Wasser und wandeln selbst radioaktive Strahlung um. Alle großen Probleme unserer Zeit können dadurch gemildert und gelöst werden: Nahrungsmangel, Krankheit, Umweltverschmutzung, Energiemangel. *EM* können überall verwendet werden: im Garten, im Wasser, zur Reinigung, als Futtermittel, gegen Schmerzen und Entzündungen, selbst resistent gewordene Bakterienstämme wie der gefürchtete *Staphylococcus aureus* verschwinden im Kontakt mit *EM.*

Als 2005 ein Tsunami Teile von Thailand verwüstete, wurden *EM* verwendet, um Trinkwasser aufzubereiten und den Leichengeruch der Totenlager aufzulösen; nach einem Erdbeben in Haiti im Jahr 2010 wurden sie zur Behandlung von Verletzten und zur Prophylaxe von Epidemien eingesetzt; als 2002 in Deutschland die Elbe über die Ufer trat, stellten holländische und deutsche Großhändler Tausende Liter von *EM* zur Verfügung, um den Gestank

121 Die genaue Zusammensetzung hängt von den einzelnen Herstellern ab. Enthalten sind u.a Lactobazillen, Bifidobakterien, Streptokokken, Streptomyces, Pilze der Gattungen Aspergillus und Mucor, Fotosynthese-Bakterien der Gattung Rhodopseudomonas.

aufzulösen und überflutete Gärten und Gewässer zu reinigen. *EM* gibt es als Lösungen, Keramikröhrchen und sogenannte *Dangos,* handliche Bällchen, die nach Bedarf geformt und luftgetrocknet werden.

Die Wirkung dieser Mischung von Mikroorganismen beruht darauf, dass sie Einfluss auf das Milieu nehmen, mit dem sie in Kontakt kommen, und ihm sozusagen neue Impulse geben. Ohne zu werten, unterscheidet Professor Higa zwischen regenerativen (aufbauenden), degenerativen (abbauenden) und opportunistischen Bakterien. Letztere schließen sich dem jeweils dominierenden Prozess an. *EM* wirken dominant regenerativ. Da Mikroorganismen natürlicherweise in friedlicher Koexistenz leben und *EM* diese Qualität dominant in sich tragen, ermutigen sie die Mikroben am Anwendungsort quasi dazu, dies auch wieder zu tun.

Damit sich etwas verändert und ein Milieu umschwenkt, genügt es, wenn die dominant regenerativen Kräfte gestärkt werden. Es ist nicht notwendig, die dominant degenerativen Kräfte zu bekämpfen. Es reicht, wenn etwas gestärkt wird, was im Grunde alle wissen: Überleben ist nur als Gemeinschaft möglich. Doch jeder Einzelne in der Gemeinschaft hat sich die Frage zu stellen, woran er mitwirken möchte, und sich entsprechend zu verhalten: hinsehen oder wegschieben? Am Alten festklammern oder sich für Neues öffnen? Zerstören oder aufbauen? Die Vielfalt reduzieren oder sie fördern? Trennen oder zusammenführen? Ausschließen oder integrieren? Kommunikationsprozesse behindern oder in Gang bringen? Eigene Interessen in den Vordergrund stellen oder im Sinne des Allgemeinwohls handeln? Nein oder Ja zum Leben sagen? Jeder Einzelne entscheidet mit, in welche Richtung das Gesamte schließlich ausschlägt. Damit die kritische Masse erreicht wird und ein System umschlägt, braucht es nicht über die Hälfte aller Beteiligten. Einige Prozent reichen aus.[122]

Freunde fürs Leben

Es ist an der Zeit, das, was wir auseinandergenommen haben, wieder zusammenzufügen. Einzeln nützen uns die Dinge nichts, da nichts einzeln existieren kann. In der Alchimie bezeichnet die *Quinta Essentia* – das fünfte Seiende – etwas, das entsteht, nachdem man einen Stoff in seine Einzelteile zerlegt und wieder zusammengefügt hat. Den vier Grundelementen Feuer, Wasser, Erde und Luft kommt ein weiteres hinzu: die Erkenntnis. So wird das Wesentliche deutlich, wie die *Quintessenz* im aktuellen Sprachgebrauch bezeichnet wird. Es ist das Wissen um die Zusammenhänge des Gesamten. Dieses Ganze ist, das wusste auch der französische Mathematiker, Physiker und Philosoph Blaise Pascal, mehr als nur die Summe seiner Einzelteile. Unsere Technik hat unsere Welt in ihre verschiedenen Bausteine zerlegt. Unser Bewusstsein führt uns nun aus der Kinderzeit heraus und lässt uns die Dinge wieder miteinander verbinden und das Wesentliche erkennen.

Um weiterzugehen, müssen wir nicht wieder in die Höhlen der Steinzeit zurück. Wenn wir aufhören, unsere limitierten Ressourcen zu plündern und, wie der französische Neurowissenschaftler und Ökonom Idriss Aberkane sagt, die jahrmillionenalte Bibliothek der Natur zu verbrennen, wenn wir also anfangen, ihre Bücher zu lesen und uns von ihnen inspirieren und leiten zu lassen,

---

122 Der Berliner Forscher Jens Krause fand heraus, dass es zwischen 5 und 10 Prozent der Individuen einer Gruppe braucht, um die Gruppe in eine bestimmte Richtung zu lenken: https://royalsocietypublishing.org/doi/full/10.1098/rstb.2008.0233. Dazu auch das *Global Consciousness Project* der Universität Princeton: http://noosphere.princeton.edu

können wir alle gemeinsam vorankommen. Die neue Gesellschaft, die auf diesem Fundament entsteht, baut auf unbegrenzten Ressourcen auf: auf Erfahrung, Erkenntnis, Wissen. Diese Ressourcen werden niemals zu knapp. Sie können nicht patentiert und ausgebeutet werden, sondern werden uneingeschränkt geteilt und weitergegeben.

So wird sich von ganz alleine ein neues Gleichgewicht einstellen, bei dem niemand zu kurz kommt und von dem alle etwas haben. Niemand ist zu viel auf diesem Planeten. Es müssen keine Kriege, Krankheiten und Katastrophen inszeniert werden, um uns zu dezimieren, damit einige wenige so weitermachen können wie bisher. Keine Epidemien müssen erfunden und dann mit allen Mitteln bekämpft werden. Wir müssen keine künstlichen Eliten fördern, die alles an sich reißen und doch nie richtig satt werden. Wir können entscheiden, nicht zu Dinosauriern zu werden, zu den letzten Überlebenden einer aussterbenden Art: Menschen ohne Bewusstsein.

In einer neu entstehenden Ordnung ist das alte Modell der Pyramide, bei der sich die Macht an der Spitze konzentriert und die Allgemeinheit alle Lasten zu tragen hat, überholt. Die Spitzen der Pyramide verbinden sich miteinander und bilden eine Art Sphäre, in der jeder von seinem Platz aus alle anderen sehen und die Verbindungen erkennen kann. Nichts behindert mehr die Sicht. Nicht einer sieht alles, sondern alle sehen alle. Niemand kann sich mehr verbergen. In dieser Konstellation ist jeder potenziell im Austausch mit allen anderen. Im stetigen Fließen der Informationen und im gegenseitigen Sich-Wahrnehmen können nicht in einem Teil Mangel und im anderen Überfluss entstehen. Entstehende Ungleichgewichte werden sofort erkannt und behoben.

So reiht sich schließlich auch der weiße Mann in eine bunte

Gemeinschaft ein, in der er nicht mehr dominiert. Jeder hat seine Bedeutung und seine Besonderheit, und keiner ist dem anderen unterlegen. Selbstverständlich nimmt die Frau ihren Platz an der Seite des Mannes ein. Sie ist es, der die höchste Macht zukommt, die es in unserem Universum gibt: Leben zu geben. Jahrtausendelang wurde ihr diese Macht vom Mann geneidet. Ihr wurde die Schuld für den Sündenfall angeheftet, der die Menschen aus der Einheit des Paradieses vertrieben hat. Bis heute wird ihre Stimme unterdrückt und ihrem Körper Gewalt angetan. Auch in unserer Zeit noch werden ihre Rechte beschnitten und so gut wie alle wichtigen Posten in der Welt von Männern besetzt, die von der zweithöchsten Macht Gebrauch machen: Leben zu zerstören.

Wenn heute künstliches Leben erzeugt werden kann, dann verbirgt sich dahinter auch die archaische Sehnsucht des Mannes, das Leben zu kontrollieren. Doch es bleibt die Frau, die das Leben empfängt, in sich austrägt und gebiert. Zu einem bedeutenderen Teil als der Mann übermittelt sie ihr Erbgut über die mitochondriale DNA und ihr Mikrobiom. Ihrer Natur entsprechend begreift sie die Zusammenhänge anders als der Mann. Seit jeher ist ihre Wahrnehmung breit gefächert und darauf ausgerichtet, das Ganze zu nähren und am Leben zu halten. An der Seite des Mannes richtet sie sich zu ihrer vollen Größe auf und gibt mit ihm zusammen an die folgende Generation weiter, was wesentlich ist. Sie breitet ihre Arme aus für den Schutz des Lebens, den Respekt für das Anvertraute und die Dankbarkeit, ein Teil davon zu sein.

So kann uns erspart bleiben, auf andere Planeten ausweichen zu müssen, um unser Überleben zu sichern. Wenn wir damit aufhören, die *Pachamama,* wie sie von den alten Andenvölkern genannt wird, die indogermanische *Gaia*, unsere Mutter Erde, zu vergewaltigen, schenkt sie allen ihren Kindern genügend Platz und Nahrung. Unzählige Mikroorganismen sorgen unermüdlich dafür, dass alle leben können. Sie sind für uns am Werk. 10 Millionen Mal mehr als Sterne am Himmel gibt es von ihnen, so wird geschätzt. Selbst wenn außer den Mikroben alles Leben auf der Erde verschwinden würde, blieben unsere Silhouetten wie eine Art Schaum bestehen, die sichtbare Spur der unermüdlichen Aktivitäten der Mikroben. Es ist an uns, diesen Schaum mit einem Geist zu erfüllen, der die Bedingungen dafür intakt hält, dass es für alle Nahrung und Lebensraum gibt.

Es ist möglich. Um alle zu ernähren, braucht es keine intensiven industriellen Anbaumethoden. Es sind jetzt schon zu 80 Prozent die kleinen Produkteure, die dafür sorgen, dass wir zu essen haben.[123] Letztlich sind sie produktiver als die großen Betriebe. Sie benutzen den Boden nicht nur als Unterlage für chemische Dünger, auf denen künstliches Leben gezüchtet wird, das mittlerweile so nährstoffarm ist, dass wir davon nicht mehr satt werden. Je kleiner die Fläche, je abwechslungsreicher der Anbau, desto mehr haben wir davon. Wenn wir weniger Fleisch und tierische Nahrungsmittel essen, kann ökologischer Anbau die Welt ernähren. [124] Wenn wir im Sinne einer Permakultur wirtschaften, die sich an naturnahen Kreisläufen orientiert und sich selbst reguliert, wird der Krieg gegen das, was wir als Schädlinge bezeichnen, überflüssig. Wenn

---

123 Kanayo F. Nwanze : *Small farmers can feed the world,* https://www.ifad.org/documents/10180/ca86ab2d-74f0-42a5-b4b6-5e476d321619

124 https://www.weltagrarbericht.de/aktuelles/nachrichten/news/de/32851.html. Auch nach einer in der Zeitschrift *Nature* veröffentlichten Studie ist es heute möglich, die gesamte Erdbevölkerung mit Produkten aus biologischem Anbau zu versorgen. Muller et al.: *Strategies for feeding the world more sustainably with organic agricultur:* https://www.nature.com/articles/s41467-017-01410-w

wir weniger Lebensmittel wegwerfen und auf eine bessere Verteilung achten, muss niemand hungern.[125]

Um unser Verhalten zu ändern, stehen uns nur unsere alten Überzeugungen und schlechten Angewohnheiten im Wege. Denn wir wollen ja, dass sich alles zum Guten wendet und dass unsere Kinder und Enkelkinder noch auf diesem Planeten leben können. Wir zerstören ja nicht absichtlich unseren Lebensraum. Wir tun es, weil wir nicht daran glauben, welche Macht ein einzelner Mensch hat, der sich in Bewegung setzt. Doch Projekte und Aktionen wie die Grüne Mauer, die Afrika durchqueren soll, der Friedensmarsch palästinensischer und israelischer Frauen oder der Tanz von 10 000 Männern in Sumatra gegen die Abholzung des Regenwaldes zeigen, dass sich überall auf der Welt die Menschen im Sinne von dem auf den Weg machen, was uns die Mikroben vorleben: Vielfalt und Kooperation.

Immer mehr entziehen sich der Gier nach materiellen Werten. Sie verzichten auf krank machenden Komfort und ändern radikal ihr Konsumverhalten. Viele Menschen machen sich daran, auch in sich selbst das Trennende, Ausschließende und Zerstörerische zu überwinden. In diesem Licht wird klar, dass wir allen Grund haben zur Hoffnung. Denn wir wissen: Wir sind nicht allein, um der Herausforderung zu begegnen, den entscheidenden Schritt in eine neue, friedliche Zivilisation zu tun.

125 Nach einer Studie der Universität Stuttgart wirft jeder deutsche Haushalt pro Jahr im Schnitt 85 Kilogramm Nahrungsmittel weg. Insgesamt landen bei uns jährlich fast 13 Millionen Tonnen Nahrungsmittel auf dem Müll. https://www.zeit.de/wissen/2019-05/lebensmittelverschwendung-haushalte-essen-muell-deutschland

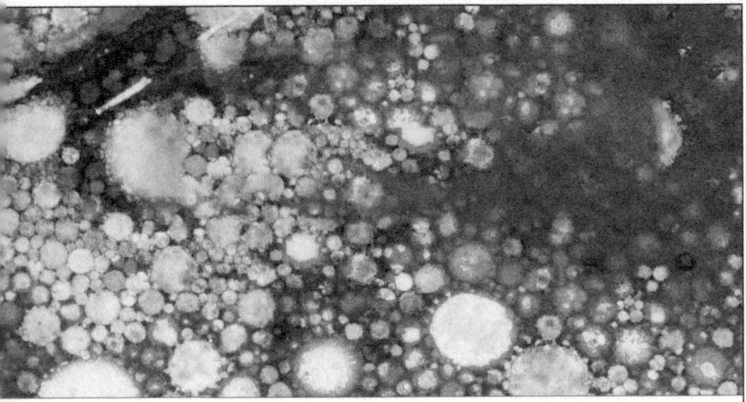

ZUSAMMEN LEBEN

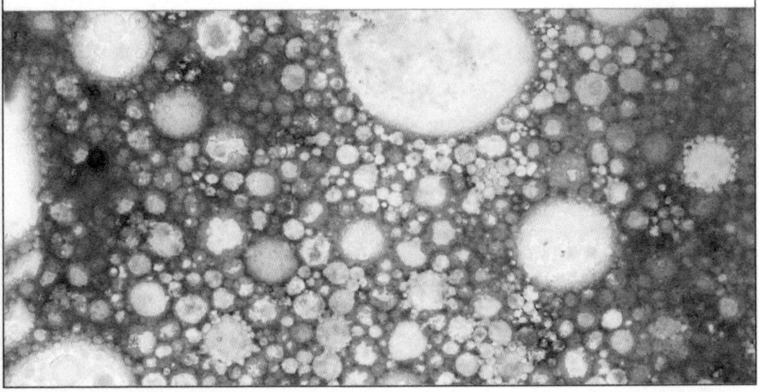

Zweifele nie daran, dass eine kleine Gruppe
engagierter Menschen die Welt verändern kann.

MARGARET MEAD

Die wirkliche Frage, die wir uns heute angesichts des Schreckgespenstes der Überbevölkerung zu stellen haben, ist nicht, wie viele Menschen dieser Planet ernähren kann, sondern auf welche Art und Weise wir hier zusammenleben. Die Überlebenskünstler Mikroben zeigen uns, dass nur ein fruchtbares Miteinander uns aus der alten zerstörerischen Weltordnung herausführen kann. Die Arbeiten von Peter Wohlleben und Erwin Thoma zeigen, mit welcher Intelligenz die Pflanzen im Wald über unterirische Mykorrhiza-Netzwerke – das sogenannte *Wood Wide Web* – zum Nutzen aller miteinander kommunizieren. Am überlebensfähigsten sind die Lebensgemeinschaften, so der französische Agraringenieur Pablo Servigne, deren Mitglieder bereit sind, anderen zu helfen und sich für das Gemeinwohl einzusetzen.

Kommunikation und Zusammenwirken, so wird in allen Lebensbereichen deutlich, sind der Motor des Lebens. Wenn wir uns im Kleinen wie im Großen auf Zusammenarbeit einlassen, haben wir nichts zu befürchten. Die Mikroben unterstützen uns dabei. Mit ihrer Hilfe können wir uns von den giftigen Abfällen befreien. Es gibt heute Bakterien, die sich von Plastik ernähren.[126] Andere sind dazu in der Lage, radioaktive Strahlungen zu neutralisie-

---

126 In einem Team von der Universität Portsmouth haben britische und amerikanische Forscher eine Bakterie gefunden, die sich von Plastik ernährt: *l'Ideonella sakaiensis*. Bisher hatte man nur Pilze entdeckt, die das können.

ren.[127] Auch im Klimaschutz spielen sie eine bedeutende Rolle.[128] Im Kleinen und im Großen sind sie vor allem eines: unsere Helfer.

»Wenn wir also auf diesem Planeten überleben wollen«, so der Neurobiologe Gerald Hüther, »müssen wir lernen, unser Zusammenleben konstruktiver als bisher zu gestalten: Miteinander statt gegeneinander, verbindend statt trennend, achtsam statt rücksichtslos.«[129] Dies kann gelingen. Wir sind lernfähig! Wir verfügen über keine biologischen Programme, die uns zu dem machen, was wir sind. Wir gestalten uns in jedem Augenblick unseres Lebens selbst! »Das menschliche Hirn«, so Hüther weiter, »ist zeitlebens umbaufähig und es ist nie zu spät, sich aus diesen gebahnten Mustern des eigenen Denkens, Fühlens und Handelns wieder zu lösen und wieder zu einem selbstverantwortlichen und selbst gestaltenden Subjekt zu werden und zu seinem authentischen Selbst zurückzufinden. Aber das gelingt nur selten allein. Dazu bedarf es der Begegnung mit anderen, mit denen man sich gemeinsam auf den Weg macht.«

---

127 Dazu das Buch von Anna Lowenhaupt Tsing: *Der Pilz am Ende der Welt: Über das Leben in den Ruinen des Kapitalismus,* Matthes & Seitz 2018

128 Antje Boetius, Gruppenleiterin am Max-Planck-Institut für Marine Mikrobiologie und Direktorin des Alfred-Wegener-Instituts, Helmholtz-Zentrum für Polar- und Meeresforschung, hat mit 30 führenden Mikrobiologen aus der ganzen Welt einen Appell unterzeichnet, die kleinsten Bewohner der Erde in wissenschaftlichen Studien und technologischen Maßnahmen zur Anpassung nicht zu vergessen: https://www.spiegel.de/wissenschaft/natur/antje-boetius-meeresforscherin-ueber-mikroben-und-klimawandel-a-1274093.html#ref=nl-dertag. Dazu auch das Buch von Rossinck Marilyn: *Viren! Helfer, Feinde, Lebenskünstler – in 101 Porträts,* Springer 2018

129 https://www.seniora.org/erziehung/die-soziale-natur-des-menschen/hirnforschung/wir-haben-uns-verirrt-gerald-huethers-weihnachtsbotschaft-2018

Um anderen offen und wertschätzend begegnen zu können, müssen wir lernen, mit uns selbst ins Reine zu kommen. Doch viele Menschen haben dazu keine Lust und wollen, dass möglichst alles beim Alten bleibt. Sie setzen nicht nur alles daran, die Machtpositionen oder die Bequemlichkeit, die sie sich aufgebaut haben, zu erhalten, sondern versuchen auch, andere daran zu hindern, sich weiterzuentwickeln. Doch wenn wir uns in der Welt umsehen, wird klar, wohin diese Weigerung uns alle führt. Dem können wir nur entkommen, wenn wir uns auf uns selbst besinnen.

Es sind die Kleinen, denen letztlich die Macht zukommt, die Dinge zu verändern. Die Kleinen, so die Pädagogin Margit Geilenbrügge, die ohne großen politischen Einfluss sind, sich aber den Traum einer gerechten, menschlichen Welt nicht ausreden lassen. Die Kleinen, die nicht großtun müssen und sich eingestehen können, dass sie verletzliche, entwicklungsbedürftige, oft hilflose Wesen sind. So kommen wir an die Kraft in uns, die dazu in der Lage ist, alte, verkrustete Haltungen, Denk- und Gefühlsmuster aufzulösen und durch neue, lebendige Formen zu ersetzen.[130] Die Courage, die wir dazu brauchen, uns auf den Weg zu machen, kommt aus dem Herzen (französisch *cœur*). So ist es das Herz und nicht der Verstand, das uns dazu ermutigt, die Konformität der Herde zu verlassen, den Weg in die Freiheit zu wagen und, wie der Schweizer Soziologe Jean Ziegler es nennt, die kannibalische Weltordnung hinter uns zu lassen.[131]

Dazu haben wir heute mehr Gelegenheit denn je. In einer Zeit, in der Epidemien den gesamten Planeten betreffen, sind wir alle dazu

---

130 *Raus aus der Machtlosigkeit!* https://www.rubikon.news/artikel/raus-aus-der-machtlosigkeit

131 Jean Ziegler: *Ändere die Welt!! Warum wir die kannibalische Weltordnung stürzen müssen*, Penguin Verlag 2016

aufgefordert, uns Gedanken zu machen und Stellung zu beziehen: Angst oder Vertrauen? Spaltung oder Verbindung? Während ganze Länder in Elend und Terror getrieben werden, man in medialen Shows die Bevölkerung mit Horrorszenarien dauerberieselt und mit Zahlen jongliert, die nichts über die tatsächliche Gefährlichkeit des Virus aussagen, läuft die Forschung nach einem Gegenmittel auf Hochtouren. Die Rückkehr in ein »normales Leben« wird uns zu einem hohen Preis angeboten: Tracking, Mikrochip-Implantate, Zwangsimpfung – die totale Überwachung.

Welchen Umgang wir auch mit Viren finden – sie führen uns vor Augen, wie tief greifend Kleinststrukturen unser Leben durcheinanderbringen, die keine eigenständigen Lebewesen sind und nicht einmal einen Intelligenzquotienten von eins haben – definiert durch die Beherrschung eines eigenen Fressvorgangs. Sie dringen, anders als Bakterien, tief in den Zellkern ein und können unsere DNA verändern. Viren berühren uns also in unserem Innersten, Wesentlichen. Hergeleitet von *vir:* die Kraft, haben sie die Macht, unsere Evolution zu beeinflussen.

Wir stehen nun vor der Entscheidung: Wir können unser Erbgut durch neuartige Impfstoffe künstlich manipulieren lassen und zu genetisch modifizierten Organismen werden – oder auf das (kleine) Leben vertrauen und uns aus uns selbst heraus nach unseren eigenen Vorstellungen verändern. Der amerikanische Philosoph Charles Eisenstein begreift die Corona-Epidemie als eine Art Initiation. Seit Urzeiten laufen die Bräuche der Aufnahme in die Gemeinschaft der Erwachsenen nach demselben Muster ab: Unterbrechung des Gewohnten, Chaos/Bruch mit dem Vergangenen, Prüfung, Integrieren und Zelebrieren des neu Erlernten. Sind wir bereit, die Herausforderung anzunehmen und uns dank Corona »die Krone auf das Haupt zu setzen«? Sind wir dazu in der Lage, diese Krönung anzunehmen, nicht als Tyrann, sondern als echter

Souverän, der die volle Verantwortung für das ihm Anvertraute übernimmt?[132]

Wie wir uns auch entscheiden: Nach überstandener Infektion werden die Dinge nicht mehr sein wie vorher. Wir haben es in der Hand, wie wir »das Leben danach« gestalten. Verschließen wir uns weiter aus Angst vor kleinen und großen Angreifern, vor den unzähligen Veränderungen, die das Leben zu bieten hat? Hoffen wir darauf, dass ein Impfstoff gefunden wird, der die Gefahr zumindest für einen kurzen Moment bannt, bevor immer wieder neue Mittel auf den Markt geschwemmt werden müssen, um den ständigen Mutationen des kleinen Lebens hinterherzukommen?[133] Verstecken wir uns weiter hinter Masken, lassen uns einsperren und den Mund verbieten? Verdrängen wir weiter das Natürliche, Lebendige und bauen auf künstliche Intelligenz und Technik? Oder machen wir es dieses Mal anders und wirken auf das Verbindende hin, das alle Lebensformen respektiert?

Ich wünsche mir, dass wir Freundschaft mit dem Lebendigen schließen: mit unseren Nachbarn, mit unseren Körpern und seinen Bewohnern, vor allem aber mit uns selbst. Öffnen wir uns für die leidenschaftliche Liebe zum Leben, die Biophilie, und erkennen wir, wie tief greifend und unauflöslich Mensch und Natur miteinander verbunden sind.[134] Gehen wir noch einen Schritt weiter und folgen dem Philosophen Jochen Kirchhoff und seinem Verständnis einer integralen Tiefenökologie, in der sich Mensch und

---

132 https://charleseisenstein.org/essays/die-kronung/

133 https://www.rubikon.news/artikel/die-realitat-der-verschworung?fbclid=IwAR1aOJYl0_nZQmMuC_RvrlRxWNvrPTPbBUMQtdKl1zjDAUo8zq8gyWIRMWQ und https://www.rubikon.news/artikel/fahrplan-zur-totalen-kontrolle

134 Arvay, Clemens: *Der Biophilia-Effekt – Heilung aus dem Wald,* Ullstein Taschenbuch 2016

Natur, Mensch und Erde, Mensch und Kosmos miteinander verbinden.[135] Lassen wir Determinismus, Objekthaftigkeit und Abstraktes hinter uns und werden wir lebendige Subjekte in einem alles umfassenden Entwicklungsprozess, in dem der kosmische Anthropos ein Bewusstsein für die subtilen Zusammenhänge entwickelt, in die er eingebettet ist, und für die Möglichkeiten, die für ihn daraus entstehen.

Lassen wir uns nicht einreden, dafür sei es zu spät. Lassen wir uns nicht von der zerstörerischen Matrix einfangen. Und hören wir auf, gegen sie anzukämpfen. Verwandeln wir das *Dagegen* in ein *Dafür:* für Gemeinsamkeit, für Zusammenwirken, für Frieden. Stärken wir das Höchste, das Wahrste und das Schönste, was wir uns vorstellen können. Haben wir Mut zur Utopie! Lassen wir das reduktionistische Weltmodell hinter uns, die Geschichten von bösen Mikroben, bösen Zellen und vom bösen Menschen, und denken wir uns eine neue, bessere Welt. Es ist möglich!

Ich wünsche mir, dass dieses Buch einen Beitrag dazu leistet. Ich wünsche mir, dass Sie die Mikroben künftig mit einem versöhnlichen Blick betrachten und auf die großartige Intelligenz des Lebendigen vertrauen. Vor allem aber wünsche ich mir, dass Sie sich selbst vertrauen, dass Sie das Gute in sich sehen und das wundervolle Wesen erkennen, das der Mensch im Grunde ist.

---

135 https://www.rubikon.news/artikel/was-die-erde-will

WEITERFÜHRENDE LITERATUR

Adler, Yael: *Haut nah*. Droemer 2016

Arvay, Clemens: *Der Biophilia-Effekt. Heilung aus dem Wald*. Ullstein 2016

Arvay, Clemens: *Der Heilungscode der Natur. Die verborgenen Kräfte von Pflanzen und Tieren entdecken*. Goldmann 2018

Bannasch, Lutz; Junginger, Beate: *Gesunde Psyche, gesundes Immunsystem. Wie Psychoneuroimmunologie gegen Stress hilft*. Knaur 2015

Barry, Kevin; Koehof, Leo: *Vaccine Wistleblower. Betrug in der Impfforschung*. Das Neue Licht 2015

Beck, Dieter: *Krankheit als Selbstheilung. Wie körperliche Krankheiten ein Versuch der seelischen Heilung sein können*. Suhrkamp 1985

Ben-Barak, Idan: *Kleine Wunderwerke. Die unsichtbare Macht der Mikroben*. Spektrum Verlag 2010

Blech, Jörg: *Leben auf dem Menschen. Warum Billionen von Bakterien gut für unsere Gesundheit sind*. Fischer 2015

Braden, Gregg: *Im Einklang mit der göttlichen Matrix: Wie wir mit allem verbunden sind*. KOHA-Verlag 2007

Buchwald, Gerhard: *Impfen. Das Geschäft mit der Angst*. Emu 2016

Charisius, Hanno; Friebe, Richard: *Bund fürs Leben. Warum Bakterien unsere Freunde sind*, Hanser 2014

Chavent, Kerstin: *Die Waffen niederlegen. Die Botschaften der Krebszellen verstehen*. Scorpio 2019

Collen, Alanna: *Die stille Macht der Mikroben. Wie wir die kraftvollsten Gesundmacher bei ihrer Arbeit unterstützen können*. Riemann Verlag 2015

Dahlke, Ruediger: *Krankheit als Weg*. Bassermann Verlag 2004

Dahlke, Ruediger: *Schutz vor Infektionen: Immunkraft steigern – natürlich und nachhaltig. Unter besonderer Berücksichtigung von COVID-19 und Impfproblematik*. Terzium 2020

Ehgartner, Bert: *Die Hygienefalle. Schluss mit dem Krieg gegen Viren und Bakterien*. Ennsthaler 2016

Enders, Giulia: *Darm mit Charme*. Ullstein 2017

Engelbrecht, Thorsten; Köhnlein, Klaus: *Virus-Wahn: Corona/COVID-19,*

Masern, Schweinegrippe, Vogelgrippe, SARS, BSE, Hepatitis C, AIDS, Polio: Wie die Medizin-Industrie ständig neue Seuchen erfindet und auf Kosten der Allgemeinheit Milliarden-Profite macht. EMU Verlags- und Vertriebsgesellschaft, überarbeitete Auflage 2020

Eisenstein, Charles: *Die Renaissance der Menschheit: Über die große Krise unserer Zivilisation und die Geburt eines neuen Zeitalters.* Scorpio 2012

Eybl, Björn: *Die seelischen Ursachen der Krankheiten: Nach den 5 biologischen Naturgesetzen, entdeckt von Dr. med. Mag, theol. Ryke Geerd Hamer.* Ibera-Verlag 2015

Friedrickson, Barbara: *Die Macht der guten Gefühle.* Campus 2011

Fromm, Erich: *Anatomie der menschlichen Destruktivität.* Rowohlt 2015

Higa, Teruo: *Eine Revolution zur Rettung der Erde: Mit effektiven Mikroorganismen die Probleme unserer Welt lösen.* EM Verlagsgesellschaft 2009

Hirschhausen, Eckart von: *Wunder wirken Wunder: Wie Medizin und Magie uns heilen.* Rowohlt 2016

Hirshberg, Caryle; Barasch, Marc Ian: *Spontanheilungen: Wenn Krankheiten von allein verschwinden.* Bechtermünz 1997

Hirte, Martin: *Impfen, pro und contra. Das Handbuch für die individuelle Impfentscheidung.* Knaur 2012

Humphries, Susanne: *Das Geschäft mit den Impfungen. Verheimlichte Fakten und unterdrückte Informationen.* Kopp Media 2015

Hüther, Gerald: *Was wir sind und was wir sein könnten. Ein neurobiologischer Mutmacher.* Fischer 2013

Jutzi, Sebastian: *Der bewohnte Mensch. Darm, Haut, Psyche – besser leben mit Mikroben.* Heyne 2014

Kegel, Bernhard: *Die Gesundmacher. Was Bakterien für unseren Körper tun und wie wir sie dabei unterstützen können.* Dumont 2017

Kirchhoff, Jochen: *Was die Erde will.* Edition Hagia Chora 2009

Knight, Rob; Buhler, Brendan: *Wir sind viele. Wie kleine Mikroben einen großen Einfluss auf uns haben.* Fischer Digibook 2015

Lipton, Bruce: *Intelligente Zellen. Wie Erfahrungen unsere Gene steuern.* KOHA Verlag 2016

Lowenhaupt-Zing, Anna: *Der Pilz am Ende der Welt: Über das Leben in den Ruinen des Kapitalismus,* Matthes & Seitz 2018

Margulis, Lynn: *Die andere Evolution.* Spektrum Verlag 1999

Margulis, Lynn: *Der symbiotische Planet oder Wie die Evolution wirklich verlief.* Westend 2018

Marquet, Denis: *Der Zorn.* Bastei Lübbe 2004

McTaggert, Lynne: *Intention. Mit Gedankenkraft die Welt verändern.* VAK 2008

Perlmutter, David: *Scheißschlau. Wie eine gesunde Darmflora unser Hirn fit hält.* Mosaik 2016

Mölling, Karin: *Supermacht des Lebens. Reisen in die erstaunliche Welt der Viren.* C.H.Beck 2014

Rabhi, Pierre: *Manifest für Mensch und Erde. Für einen Aufstand der Gewissen.* Matthes und Seitz 2017

Reiss, Karina; Bhakdi, Sucharit: *Corona-Fehlalarm? Zahlen, Daten und Hintergründe. Zwischen Panikmache und Wissenschaft: welche Maßnahmen sind im Kampf gegen Virus und COVID-19 sinnvoll?* Goldegg-Verlag 2020

Robin, Marie Monique: *Mit Gift und Genen.* Absolut Medien GmbH 2008

Rossinck Marilyn: *Viren! Helfer, Feinde, Lebenskünstler – in 101 Porträts.* Springer 2018

Rüegg, Johann Caspar: *Gehirn, Psyche und Körper. Neurobiologie von Psychosomatik, und Psychotherapie.* Schattauer 2010

Schubert, Christian: *Was uns krank macht, was uns heilt. Aufbruch in eine neue Medizin.* Fischer und Gann 2016

Simoncini, Tulio: *Krebs ist ein Pilz. Eine Revolution in der Tumortherapie.* Jim Humble-Verlag 2015

Sonnenburg, Justin und Erica: *Der gute Darm. Was er wirklich braucht, um uns gesund zu halten. Das Neueste aus der Mikrobiom-Forschung.* Südwest-Verlag 2016

Yong, Ed: *Winzige Gefährten.* Verlag Antje Kunstmann 2018

Zappe, Adriane; Klinghardt, Dietrich: *ImmunSymbiose: Immuntoleranz durch Kommunikation und Frieden mit Mikroben.* SophiaMed UG 2017

Ziegler, Jean: *Ändere die Welt! Warum wir die kannibalische Weltordnung stürzen müssen.* Penguin Verlag 2016

Zschocke, Anne Katharina: *Darmbakterien als Schlüssel zur Gesundheit. Neueste Erkenntnisse aus der Mikrobiom-Forschung.* Knaur 2014

Zschocke, Anne Katharina: *Die erstaunlichen Kräfte der Effektiven Mikroorganismen.* Knaur 2017